国家社会科学基金

西安交通大学人文社会科学学术著作出版基金

中央高校基本科研业务费专项资金

刘泓汛 著

China's Carbon Emission Trading System

Development and Risk Management

中国碳排放权限额交易体系建设与风险防控

社会科学文献出版社
SOCIAL SCIENCES ACADEMIC PRESS (CHINA)

内容提要

作为全球最大的能源消费国和温室气体排放国，中国积极承担实现碳达峰、碳中和的重大责任，致力于推动绿色低碳发展。碳排放权交易体系被广泛认为是减少排放、控制温室气体的市场化、成本有效的工具。自2011年宣布试点以来，中国逐步探索和推进碳市场建设，并于2021年启动了全国碳排放权交易市场。

本书聚焦中国碳排放权限额交易体系的建设与风险防控，旨在应对全球气候变化背景下的绿色低碳发展需求。在系统梳理国内外碳交易实践与理论的基础上，针对中国国情，提出全国碳市场的建设模式与应对策略。通过对碳排放权初始分配效率与公平原则的研究，分析配套措施对市场主体积极性的影响。同时，基于中国经济、能源和电力运行数据，模拟碳市场的运行状况，揭示可能存在的潜在风险。通过这些分析，提出一系列兼顾经济发展与碳市场有效运行的策略，为政策制定者和市场参与者提供实践指导。

期待本书的研究能有助于增强中国碳排放权限额交易体系的科学性和可操作性，为全球碳中和的推进提供有力的理论和实践支撑。

Abstract

As the world's largest consumer of energy and emitter of greenhouse gases, China actively assumes the significant responsibility of achieving carbon peaking and carbon neutrality, and is committed to promoting green and low-carbon development. The carbon emission trading system is widely regarded as a market-based and cost-effective tool for reducing emissions and controlling greenhouse gases. Since announcing its pilot program in 2011, China has gradually explored and advanced the construction of its carbon market, launching the national carbon trading market in 2021.

This book focuses on the development and risk management of China's carbon emission trading system, aiming to address the demand for green and low-carbon development in the context of global climate change. Based on a systematic review of domestic and international carbon trading practices and theories, it proposes a construction model and response strategies for the national carbon market tailored to China's national conditions. By studying the principles of efficiency and equity in the initial allocation of carbon emission rights, it analyzes the impact of supporting measures on the active participation of market entities. Additionally, by simulating the operational status of the carbon market using data from China's economy, energy, and electricity sectors, it reveals potential risks that may exist. Through these analyses, the book presents a series of strategies that balance economic development with the effective operation of the carbon market, providing practical guidance for policymakers and market participants.

It is hoped that this book will be helpful to enhance the scientific and operational viability of China's carbon emission trading system and provide strong theoretical and practical support for advancing global carbon neutrality.

序

在全球气候变化日益严峻的今天，构建有效的碳排放权交易体系已成为各国应对气候变化挑战的重要政策工具。中国作为全球最大的能源消费国和碳排放国，更需要探索一条符合国情的碳市场发展道路。本书出版恰逢其时，不仅丰富了国内碳市场建设理论研究，更为中国碳市场的实践发展提供了有力的智力支持。

国内外碳排放权交易理论研究和实践探索无不显示，构建一个有效运行的碳交易体系绝非易事。这不仅需深厚的理论功底，更需要对实践经验的精准把握。令人欣喜的是，西安交通大学刘泓汛教授在这两个方面都展现出了卓越的研究能力和独到的学术视角。本书立足中国国情，系统梳理了碳交易的理论基础，深入剖析了国内外碳市场发展经验，并通过扎实的实证研究，为中国碳市场建设提供了切实可行的政策建议。

特别值得称道的是，本书突破了传统研究的局限，将理论分析与实践探索紧密结合。作者通过对电力行业的深入研究，揭示了碳市场建设过程中的关键风险点，并提出了具有针对性的防控措施。这种研究方法不仅确保了研究成果的实用性，也为后续研究提供了有益借鉴。

本书最显著的特色在于其对碳市场建设与风险防控的全面系统研究。从宏观政策框架到微观运行机制，从配额分配方案到市场风险防控，作者都进行了深入细致的探讨。尤其难能可贵的是，作者基于国内碳排放权交易试点经验，通过实证分析和案例研究，揭示了中国碳市场建设中的独特挑战，为碳交易政策制定者提供了重要的决策参考。

当前，中国正朝着 2030 年前碳达峰、2060 年前碳中和的"双碳"目标稳步迈进。面对这一重大战略任务，本书研究成果无疑具有重要的现实指导意义。书中提出的政策建议既充分考虑了中国的发展阶段特征，又着眼于长远发展目标，体现了作者深厚的学术造诣和对实践的深刻洞察。

值得一提的是，本书的研究团队汇集了来自国内外多所高校的专家学者，这不仅保证了研究的学术水准，也确保了研究视角的多元化和观点的权威性。我相信，这部著作必将为中国碳市场的持续健康发展做出重要贡献，也将成为这一领域的重要参考文献。

在全球共同应对气候变化的背景下，中国碳市场的建设和发展举世瞩目。本书可以为推动中国碳市场的创新发展、防范市场风险、实现"双碳"目标贡献智慧力量。在此，我诚挚推荐这部力作给所有关心中国碳市场发展的读者。

湖南大学　张跃军

2024 年 2 月于岳麓山

图书在版编目（CIP）数据

星槎竞帆 无远弗届：大航海时代亚洲区间贸易 /
许序雅著 . -- 北京：社会科学文献出版社，2025.5.
（九色鹿）. -- ISBN 978-7-5228-5063-4

Ⅰ .F753.09

中国国家版本馆 CIP 数据核字第 2025U3968A 号

·九色鹿·

星槎竞帆　无远弗届：大航海时代亚洲区间贸易

著　　者 / 许序雅

出 版 人 / 冀祥德
责任编辑 / 陈肖寒
文稿编辑 / 徐　花
责任印制 / 岳　阳

出　　版 / 社会科学文献出版社·历史学分社（010）59367256
　　　　　　地址：北京市北三环中路甲29号院华龙大厦　邮编：100029
　　　　　　网址：www.ssap.com.cn
发　　行 / 社会科学文献出版社（010）59367028
印　　装 / 三河市东方印刷有限公司

规　　格 / 开 本：787mm×1092mm　1/16
　　　　　　印 张：38　字 数：547千字
版　　次 / 2025年5月第1版　2025年5月第1次印刷
书　　号 / ISBN 978-7-5228-5063-4
定　　价 / 128.80元

读者服务电话：4008918866

前　言

在联合国可持续发展目标的框架下，应对气候变化已成为国际社会的核心议题之一。气候变化的影响不仅限于生态环境的恶化，更涉及社会经济的可持续发展与人类生活质量的提升。随着全球气温上升和极端气候事件频繁发生，各国越来越意识到，必须采取有效的行动以降低温室气体排放，保护生态环境，确保人类社会的未来。因此，全球各国为应对气候变化、减少温室气体排放，纷纷采取多种政策措施，其中碳排放权交易体系被广泛认为是一种基于市场的、成本有效的工具。这种工具可以通过市场化的方式，激励企业在减少排放的同时实现经济利益的最大化，促进资源的高效配置和环境的可持续治理。作为全球能源消费和温室气体排放大国，中国在这一领域积极承担责任，展现出大国担当，以实际行动推动全球气候治理进程。

2020年9月，习近平主席在第七十五届联合国大会上郑重宣布，中国将在2030年前实现碳达峰，并力争在2060年前实现碳中和。这一战略目标不仅体现了中国应对气候变化的决心与承诺，也为中国在全球气候治理中的地位奠定了基础。这一目标的提出，既是对全球气候治理的重大承诺，也为国内经济结构转型与生态文明建设提供了强大的政策引导。为了实现这一宏伟目标，中国政府推出了多项政策，其中全国碳排放权交易市场的建立被视为最重要的措施之一。通过建设碳市场，中国希望通过市场机制有效激励企业减排，推动绿色技术创新，实现经济与环境的双赢。

　　早在 2005 年，欧盟率先启动了碳排放权限额交易体系，并在全球范围内形成了示范效应。欧盟的成功经验不仅为其他国家提供了有益的借鉴，也为中国的碳市场建设提供了重要的参考。2011 年，中国政府宣布在北京、天津、上海、重庆、广东、湖北、深圳开展碳排放权交易试点，这一战略标志着中国在碳市场建设上的初步探索。自 2013 年起，试点地区陆续开启了碳排放权交易市场的建设与运营，积累了宝贵的经验与教训，为全国市场的启动奠定了基础。经过数年试点，中国政府于 2016 年正式宣布启动全国碳排放权交易市场。这一举措不仅对中国实现碳减排目标具有深远意义，也吸引了全球的关注。2017 年底，国家发展改革委宣布，发电行业作为先行领域，正式启动全国碳排放权限额交易体系建设。2021 年 7 月，全国碳排放权交易市场在上海环境能源交易所正式启动，标志着中国碳市场建设迈出了历史性的一步，成为全球气候治理中的重要一环。

　　然而，中国的碳市场建设面临独特的挑战，特别是当前工业占比仍较高，能源结构仍以煤为主，价格形成机制仍不完善等。这些因素决定了中国碳市场的建设道路充满挑战，不能完全照搬发达国家的经验。中国的碳排放权交易体系将在未来一段时间内处于"摸着石头过河"的阶段，需在实践中不断调整与完善。政策的灵活性与适应性将是确保碳市场有效运行的关键。此过程需要政府与市场的协同作用、公众的参与和企业的主动作为，以共同应对不断变化的内外部环境。

　　与此同时，中国的经济发展逐渐步入新常态，从高速增长转向中高速增长。这一转变伴随着深刻的经济结构调整和体制改革，亟须探索一条绿色、低碳、高质量、可持续的经济发展道路。党的十八大以来，中央政府一再强调要顺应国际绿色低碳发展的潮流，把低碳转型作为我国经济社会发展的重大战略和生态文明建设的重要途径。特别是 2024 年党的二十届三中全会后，《中共中央 国务院关于加快经济社会发展全面绿色转型的意见》明确提出，必须坚持以习近平新时代中国特色社会主义思想为指导，完整准确全面贯彻新发展理念，坚定不移走生态优先、节约集约、绿色低碳的高质量发展道路。这一理念为碳市场建设提供了良好的历史机遇，也为各级政府、企业及社会各界共同参与构建低碳经济打下了坚实的基础。特别是在加快构建新发展格局的背景下，各地区和各行业应当将统筹推进与重点突破相结合，科学设定绿色转型的时间表与路线图，鼓励有条件的地方先行探索绿色转型路径。推动经济结构转型、提升能源利用效率，以及深化科技创新与政策制度创新，将是实现可持续发展的关键所在。通过全面推进美丽中国建设，建设人与自然和谐共生的现代化，努力实现2030年和2035年设定的主要目标，中国将在绿色低碳发展中不断取得显著成效。

本书正是在这一背景下诞生的，旨在为建设一个符合中国国情的碳排放权交易体系提供理论支持和实践指导。本书系统梳理了国内外碳交易理论与实践的最新进展，并结合中国经济、能源和电力的实际运行数据，模拟了碳排放权交易体系的运行状况，分析其潜在影响与风险，进而提出兼顾经济发展与碳市场有效运行的应对策略。通过对各类数据和案例的深入分析，力求为读者提供全面而深入的理解，帮助决策者和从业者更好地把握碳市场的发展动态，以应对未来可能出现的挑战。通过对碳排放权初始分配方案中效率与公平的权衡，本书将探讨如何通过政策引导、市场激励及制度创新，构建一个既能满足环境目标又能促进经济增长的碳排放权交易体系。这些措施的实施，不仅有助于优化资源配置，还将为实现可持续发展目标奠定坚实的基础，同时推动形成全社会的绿色低碳发展共识。

本书围绕碳排放权交易体系的构建与发展，致力于应对全球气候变化的挑战，并推动我国绿色低碳经济的转型。第1章通过对国际国内背景的分析，指出建设碳排放权交易体系在当前环境中的必要性和战略意义，为研究目的和内容结构奠定了基础。第2章深入探讨碳排放权交易的理论基础和作用机制，包括科斯定理、排污权交易和市场均衡等核心概念，分析了碳交易对微观主体和整体经济的影响，并通过与碳税的对比，进一步揭示碳交易在实现减排目标中的独特作用。在具体操作层面，第3章梳理了碳排放权交易体系的国内外发展进程，从国际经验到我国的试点实施，总结了碳市场的复杂性与关键挑战。第4章和第5章则重点关注碳排放初始配额的分配策略与仿真模拟分析。其中，第4章基于国内试点的经验，提出了初始配额分配方案，确保碳交易的公平与有效；第5章通过仿真模拟，构建了科学的数据分析框架，深入分析了碳市场的动态特征，为政策制定者提供了实证支持。在政策效果和风险评估方面，第6章应用实证方法测算了碳交易试点地区的低碳绩效，为碳市场的全国推广提供了数据支撑。第7章聚焦电力行业的市场风险，提出了应对策略，以控制碳交易可能对电力市场产生的冲击。第8章进一步探讨碳交易对电力公司的影响，并通过浙江省的案例，分析了碳交易对电网和电源结构的具体影响。第9章总结全书研究结论，提出具体的政策建议，旨在优化配额分配、提升减排效率，并实现公平与效率的平衡。通过系统的理论分析和实证检验，本书为政策制定者和学界提供了翔实参考，以推动中国碳市场的稳健发展。

本书的研究和编写过程，得到了许多机构和个人的支持与帮助。首先，感谢"西安交通大学人文社会科学学术著作出版基金"和"中央高校基本科研业务费专项资金"资助。本书所涉及的研究内容是我主持的国家社会科学基金青年项目"新常态下全国碳排放权限额交易体系建设路径与风险防控研究"（项目编号：17CJY071），以及我作为核心成员参与的研究阐释党的十九届六中全会精神国家社会科学基金重点项目"实现碳达峰碳中和目标的路径优化、政策引导与风险管控研究"（项目编号：22AZD096）和研究阐释党的二十大精神国家社会科学基金重大项目"统筹推进碳达峰碳中和与经济社会协同发展研究"（项目编号：23ZDA109）的重要组成部分。以上基金为本书的研究及出版提供了坚实的资金保障。同时，特别感谢西安交通大学经济与金融学院和社会科学处的领导、同事在研究和出版过程中给予我宝贵的指导与支持。

其次，本书部分内容涉及我与厦门大学林伯强教授、李智副教授，西安交通大学李江龙教授、杨秀汪博士、曹铭博士，华侨大学杨莉莎教授，西安文理学院郭小叶副教授，美国马萨诸塞大学阿默斯特分校（UMass Amherst）李于田淏博士，以及国网浙江省电力有限公司周林工程师等人的合作研究成果。感谢合作者在研究过程中提供了深刻的见解和丰富的经验，合作中的多次讨论交流不仅拓宽了研究的视野，也帮助我在理论与实践之间找到平衡点。感谢我所指导的研究生，特别是彭千芸、邢晓宇、张琪琳、王贞凯、党佳宁和张璇等同学，他们在资料收集、数据处理和文本校对等方面做出了重要贡献。感谢社会科学文献出版社对本书的高度肯定，特别是高雁、颜林柯等出版社同事在书稿的编辑、审校和出版过程中提供的全方位支持和专业意见，使本书得以顺利与读者见面。

最后，希望本书能为中国碳排放权限额交易体系的建设和风险防控提供有益参考，为实现"双碳"目标贡献一份力量。由于个人学识有限，书中的不足之处在所难免，恳请各位专家学者批评指正。

刘泓汛

2024 年 10 月于西安

目　录

CONTENTS

|第1章|

概论

　　伴随着全球社会经济的快速发展，能源消费迅速增加，并造成了大量的二氧化碳排放，由此导致的温室效应已经成为影响人类社会可持续发展的关键问题。根据国际能源署（International Energy Agency，IEA）报告，2019年全球能源相关二氧化碳排放量达到330亿吨（IEA，2019）。要实现《巴黎协定》中提出的1.5℃全球温控目标，全球经济活动和技术发展面临很大的挑战（IPCC，2018）。如何有效控制碳排放、应对气候变化，已成为国际社会的重要议题。为了推动以碳减排为主的应对气候变化行动，各国学者提出了多种解决方案，主要分为三类：行政命令式的直接管制、征收碳税和建立碳排放权交易体系（或碳交易）。相比于政府行政命令式的直接管制，碳税和碳交易都是基于减排主体边际减排成本的市场引导型减排方式。

　　碳税的主要思路是外部成本内部化，通过价格信号引导市场主体做出有利于社会的碳排放选择，其优点在于税率相对稳定，减缓价格波动。但是，由于碳税没有对二氧化碳的排放总量进行控制，在实践过程中其减排效果具有不确定性。相比于碳税，碳交易在碳排放总量限定的前提下，为各主体提供了更灵活的减排策略，各主体可以根据自己的边际减排成本决定自行减排或者在市场上购买配额。同时，通过碳排放权交易体系，可以明确量化减排目标[①]；碳排放权的明确界定也有利于企业将降低

　　[①]　需要指出的是，在更大的范围内，碳交易也有可能导致"碳泄漏"，即一组国（转下页注）

二氧化碳排放主动纳入决策（Cao et al.，2017）。但是，碳市场交易价格波动性较强，增强了经济运行中的不确定性（Weitzman，2014；Zhou et al.，2014b）。

截至 2024 年 1 月，全球已有 36 个碳市场启动运行，其司法管辖区占全球 GDP 的 58%，碳交易体系覆盖的温室气体排放量达 99 亿吨二氧化碳当量（占全球温室气体排放总量的 18%）。另有 14 个司法管辖区正在建设碳市场，计划未来几年启动碳排放权限额交易体系，包括印度、巴西、哥伦比亚等；8 个司法管辖区正在考虑建立碳市场，包括智利、巴基斯坦、泰国、马来西亚等（ICAP，2024）。

对于发展中国家，经济增长需要充足、可靠且成本低廉的能源作为支撑，典型的例子如中国和印度，化石能源在其能源结构中普遍占据主导地位。因此，在应对全球气候变化的大环境和趋势下，低碳转型成为经济发展的必然趋势。碳交易通过充分发挥市场潜力，不仅有助于激励企业创新和提升用能效率，而且随着碳交易市场的扩大和碳货币化的加剧，碳资产也有望逐渐转变为具有投资价值的流动性金融资产（Liu et al.，2015）。已有研究表明，碳排放权限额交易体系是中国目前最有效的减排策略（Lin and Jia，2017）。2017 年底，中国宣布正式启动全国碳排放权限额交易体系建设，试图通过碳市场，推动实现一种新的低碳发展模式（Liu et al.，2017）。

作为目前世界上最大的发展中国家与二氧化碳排放国，中国希望通过碳排放权交易机制，以最小的经济代价达到预期的减排目标，最大限度地降低一般减排成本，实现有效减排，从而促进全球温室气体减排市场机制的完善（Liu et al.，2015）。2011 年，国家批准 7 个省市开展碳排放权交易试点（北京、天津、上海、重庆、湖北、广东、深圳）。从试点市场的实践经验来看，由于不成熟的市场环境、不健全的基础设施，在碳交易市场成立初期，交易价格很容易出现剧烈波动，而且交易量有限，市场流动

（接上页注①）家碳排放减少量被其他国家排放增加量所抵消；实施严格碳排放政策的国家因成本提高，其生产活动会转移到碳排放政策宽松的国家，导致前者的碳减排在一定程度上被后者抵消。

性较低（Tan and Wang，2017；Zhang et al.，2017b）。虽然各试点的履约率不断提高，且履约期间的量价齐升现象明显，但是企业的碳排放权交易基本还是靠政府牵头实现，行政干预力度较大，没有充分体现出碳市场的效用（Jotzo and Loschel，2014；孙永平、王珂英，2017）。

碳交易市场的不健全与不稳定运行会影响市场的调节效率，进而影响最终的碳减排效果。因此，如何建设全国碳排放权交易市场，如何在碳排放权的分配和交易中兼顾效率与公平，如何对全国碳交易可能遇到的风险进行预测与控制等，是建设和完善全国碳排放权交易体系亟须解决的现实问题（Zhao et al.，2016）。交易机制的完善与市场的稳定运行不仅有利于中国实现碳减排、经济绿色转型和可持续发展，也有助于提升中国在国际环境领域的地位与话语权，从而为全球应对气候变化承担"中国责任"，奉献"中国力量"，体现"中国智慧"。另外，低碳转型还能产生环境改善协同效应，与我国环境治理、居民健康和"美丽中国"建设相辅相成（Li and Lin，2019；Liu and Mauzerall，2020）。

1.1 研究背景

在联合国可持续发展目标框架下，全球气候变化已经成为国际社会关注的一大热点问题。追溯气候变暖的根源，有气候变化周期的影响，但更大程度上来源于以二氧化碳为主的温室气体（Greenhouse Gas，GHG）的大量排放。在所有的温室气体排放源中，人类生产与生活（尤其是工业化程度的加深）占据着重要地位。因此，应对气候变化的关键在于加快经济绿色转型，以控制和减少以二氧化碳为主的温室气体排放（简称"碳减排"）。

碳减排作为经济绿色可持续发展的重要内容，其最优的实现路径目前还处于探索和热议阶段，尚未形成统一的定论。从政策的角度而言，与传统的行政命令式减排和征收碳税等手段相比，通过市场交易机制来约束碳排放，倒逼企业绿色低碳转型，具有很大的优越性。一方面，市场交易机制增强了企业减排的灵活性，在碳减排总量可控情形下可以减少减排总成本；而且，碳交易能够在一定程度上避免征税可能带来的税收体系扭曲，同时还能为企业实现低碳技术革新提供激励与资本支持。另一方面，碳市场交易机制具有长效性，能避免制度频繁调整变动可能产生的政策风险。基于碳市场交易机制的优越性，国内外对碳交易已经有了不同程度的探索，以下分国际和国内实践情况分别进行简要介绍。

一 碳排放权交易是实现全球气候治理的理性选择与重要路径

1997 年，联合国气候变化大会通过《京都议定书》（*Kyoto Protocol*），为应对气候变化构建了一个全球性的合作框架，并提出了三项控制碳排放的市场机制，促使国与国之间可以通过资金、技术等支持方式实现本国的减排目标，包括国际排放贸易机制（International Emission Trading，IET）、清洁发展机制（Clean Development Mechanism，CDM）和联合履约机制（Joint Implementation，JI）。这种市场机制有助于降低减排成本，促进国家之间的减排支持与交流，从而加快实现对全球碳排放量的控制。

《京都议定书》提出的三项减排机制为碳排放权交易市场的建设奠定了重要基础。根据不同的交易或合作方式，《京都议定书》提出了两类交易工具：减排单位（Emission Reduction Unit，ERU）与核证减排量（Certified Emission Reduction，CER）。随后，欧盟、北美等地区逐步开始建立跨国、跨区域的碳排放权交易机制。

随着气候变化逐渐成为人类生存与发展过程中面临的重大问题和热议话题，很多国家纷纷采用立法、政策规划等方式，将绿色发展提升到国家战略层面，试图占领绿色经济的制高点。例如，2009 年，英国政府颁布了《低碳转型计划》（*The UK Low Carbon Transition Plan*）和《可再生能源战略》（*The UK Renewable Energy Strategy* 2009），在政府预算框架内特别制定碳排放管理规划。同年，美国时任总统奥巴马签署总额接近 8000 亿美元的《美国复苏与再投资法案》（*American Recovery and Reinvestment Act of* 2009），将发展新能源作为主攻领域之一，并在国内成立区域性自愿减排交易平台。同年，日本政府发布名为《绿色经济与社会变革》的政策草案，提出削减温室气体排放，强化日本绿色经济。2019 年，欧盟委员会公布"欧洲绿色协议",提出到 2050 年欧盟要实现"碳中和"的政治承诺,并于 2020 年 3 月公布了《欧洲气候法》(*The European Climate Law*),决定以立法的形式明确到 2050 年实现"碳中和"的政治目标,并提出实现"碳中和"的路线图。2020 年,中国、日本、韩国等国家也相继提出"碳中和"承诺。作为世界最大的经济体和主要的碳排放源之一,尽管美国在特朗普总统任期内退出《巴黎协定》,但美国民主党一直在竭力推行应对气候变化的政策。2021 年,拜登接任美国总统后,立即宣布美国重返《巴黎协定》,并正式提出到 2050 年实现"碳中和"的政治目标。很多地区和企业也在自发地制定"碳中和"目标和路线。例如,苹果公司在 2020 年提出,未来十年内所有业务、生产供应链及产品生命周期将净碳排放量降至零,在 2030 年前力争将碳排放减少 75%,剩余 25% 将通过投资自然环境保护项目等方式来抵消。这意味着,到 2030 年,市场上售出的每一台苹果设备都将产生"净零"碳排放。

二 中国碳排放权交易体系建设亟须科学的顶层设计与策略选择

作为目前全球最大的能源消费国和碳排放国,中国也一直积极参与应对气候变化,表现出主动承担责任的大国风范。同时,中央政府也以此为契机,为实现我国经济绿色低碳可持续转型积极创造条件。2014 年 9 月,国家发展改革委发布《国家应对气候变化规划(2014—2020 年)》,提出到 2020 年单位国内生产总值的碳排放量(简称"碳强度")较 2005 年下降 40%~45%。2014 年 11 月,习近平主席在"中美气候变化联合声明"中提出,中国将在 2030 年左右达到二氧化碳排放峰值,且将努力早日达峰;同时,到 2030 年,争取非化石能源占一次能源消费比重达到 20% 左右。2015 年,中国政府提交应对气候变化的国家自主贡献文件——《强化应对气候变化行动——中国国家自主贡献》,承诺中国到 2030 年碳强度较 2005 年下降 60%~65%,森林蓄积量比 2005 年增加 45 亿立方米左右。2020 年,习近平主席代表中国在联合国大会上宣布"中国二氧化碳排放力争于 2030 年前达到峰值,努力争取 2060 年前实现碳中和"。

为了加快经济绿色低碳转型，2011 年 1 月，中国"两省五市"（广东省、湖北省、北京市、天津市、上海市、重庆市、深圳市）被选定为全国首批碳排放权交易试点。2013 年 6 月，深圳率先启动碳市场，从此拉开了中国碳排放权交易的序幕。7 个碳交易试点市场在随后的一年内陆续开始运营。近几年，中国已经成立了多个碳排放权交易平台，除了政府选定的 7 个试点外，还包括一些非试点地区，如 2016 年 12 月开市的福建碳交易市场（交易平台为海峡股权交易中心）。此外，还有一些地区积极主动申报建设碳市场，如陕西省等。截至 2019 年底，中国 7 个碳市场累计交易约 2 亿吨二氧化碳当量（CO_{2e}）的碳排放权配额量，交易额约 43 亿元。

2017 年 12 月，国家发展改革委宣布启动全国碳排放权限额交易市场建设，并发布了《全国碳排放权交易市场建设方案（发电行业）》，提出将以发电行业（含热电联产）作为先行者，启动全国碳排放权限额交易体系建设。根据该方案，第一批纳入全国碳交易体系的发电企业（年度排放达到 2.6 万吨二氧化碳当量及以上）有 1700 余家，合计年排放总量超过 30 亿吨二氧化碳当量，约占全国碳排放总量的 1/3。全国碳市场的建设可分为三个阶段（中国环境保护产业协会，2018；郭建峰、傅一玮，2019）。

一是基础建设期（2018~2019 年）。此阶段着力构建一个全国统一的数据报送系统、注册登记平台和交易平台，通过深入开展能力建设，提升各类主体的参与度和管理层的业务水平，建立碳市场管理制度。

二是模拟运行期（2019~2020 年）。此阶段的目标是在发电行业开展碳配额的模拟交易，以此全面测试市场各组成部分的有效性和可靠性，同时强化市场风险预警与防控机制，完善碳市场管理制度和支撑体系。

三是深化完善期（2020 年以后）。此阶段计划在发电行业交易实体间正式启动配额现货交易。交易完全以履行合规义务为目的，所有用于履约的配额将定期被注销，剩余配额允许进行跨期的转移和交易。在发电行业碳交易稳定运行的基础上，逐步扩大市场覆盖范围，增加交易品种和交易方式。此外，积极创造条件，尽早将中国的核证自愿减排量（China Certified Emission Reduction，CCER）纳入全国碳市场的交易范围。

随着中国经济步入新常态①，中国建设碳市场也迎来良好的历史机遇；但同时，中国当前尚处于工业化和城镇化的关键时期，重工业占比较高，能源结构以煤为主，种种条件决定了中国碳市场建设之路面临巨大挑战，也不可能完全照搬发达国家的实践经验。中国碳排放权限额交易体系在未来一段时间将处于"摸着石头过河"的"干中学"阶段，已有的国内外研究主要集中于发达国家，对于国内建设全国碳排放权限额交易体系还缺乏足够的智力支撑和决策参考。如何建设一个符合国情的全国碳排放权限额交易体系，如何对全国碳市场上可能遇到的风险进行识别与防控，如何设置一系列配套措施调动交易主体的活跃度，等等，是建设和完善全国碳排放权限额交易体系亟须解决的现实问题，对相关的学术研究和实践指导具有重要意义。

1.2　研究内容

本书针对我国如何实现碳排放权限额交易体系的建设与风险防控进行研究。本书结合国际经验和我国新常态经济社会发展特征，就全国碳排放权限额交易体系的建设路径、风险防控及配套措施等问题进行全面深入的技术论证与经济分析，力求一个经济合算、现实可行的方案，为政府、企业以及其他相关主体提供科学可靠的决策依据。本书不仅对我国实现碳减排目标具有重要价值，也对世界其他正在/拟建设碳排放权限额交易体系的国家有重要参考价值，有利于助推我国生态文明建设，促进全球应对气候变化与可持续发展。相对于已有的研究，本书具有如下学术和应用价值。

在学术方面，完善碳排放权分配、定价、交易及影响机制等问题的理论与实证研究，为碳排放权限额交易体系研究提供科学范式，弥补现有文献对发展中国家碳排放权限额交易体系研究的不足，丰富绿色低碳可持续

---

① "经济新常态"意味着中国经济从高速增长转为中高速增长，并且伴随着深刻的经济结构调整与体制改革。

发展的研究视角，扩展相关研究方法与模型的开发与应用，实现理论和方法的突破。

在应用方面，对全国碳交易体系特征与演变趋势进行模拟和预测，降低碳交易风险，为全国碳排放权限额交易体系的建设路径与风险防控提供重要理论依据与决策参考，促使我国以最小成本实现温室气体减排目标，提升我国在国际碳市场的议价能力与话语权，也为其他国家建设碳交易体系提供参考。

具体地，本书结合理论基础、国际经验与中国新常态经济社会发展特征，探索符合国情的全国碳排放权限额交易体系建设路径，并就碳交易市场面临的风险进行识别与控制，力争防患于未然。本书按"先框架后细化，先整体后局部"原则，将研究对象分为三个主要内容：首先，致力于搭建一个全国碳排放权限额交易体系的理论框架与仿真模型；其次，模拟和对比不同机制设计与政策方案的仿真结果，以期设计一条最优的全国碳排放权限额交易体系建设路径；最后，对碳交易的影响和可能面临的风险进行识别并提出防控建议。三个部分逐步承接，从而就全国碳排放权限额交易体系建设需要解决的核心问题形成一个综合分析体系。

整体来看，本书拟从微观供给侧生产理论出发，通过借鉴国际和国内试点经验，在已有政策制度指导下，结合新常态经济社会发展特征，兼顾效率和公平原则（尤其是在配额分配中体现公平，在市场交易中实现效率），从构建理论框架与仿真模型、设计最优建设路径、识别和防控风险三个方面，对全国碳排放权限额交易体系建设路径与风险防控进行研究。本书研究框架如图 1-1 所示。

本书旨在实现以下两个方面的目标。

第一，基于国内已出台的相关政策和制度，总结汲取发达国家和国内试点经验，结合中国新常态经济社会发展特征及趋势分析，扩展已有的研究方法和数学模型的开发与应用，构建适合中国国情的全国碳排放权限额交易体系理论框架与仿真模型，探讨碳市场的动态均衡和风险特征，通过宏观和微观层面的实证研究对理论模型加以验证，促进已有相关理论的完善与发展。

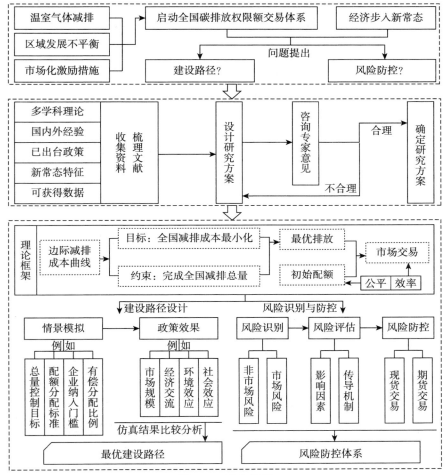

图 1-1 研究框架

第二，基于理论推理、现状分析和比较研究等，揭示全国碳排放权限额交易体系的运行机制与风险因素，总结提炼我国碳排放权限额交易体系最优路径和风险防控，提供我国应对气候变化、实现可持续发展的新视角、新认知与新启示，为全国碳排放权限额交易体系的设计与管理、碳排放权交易市场的参与者（交易者和投资者等）提供科学合理的参考依据与决策建议。

| 第 2 章 |

碳排放权交易的理论基础与作用机制

2.1 碳排放权交易的理论基础

一 科斯定理

（一）科斯定理概述

碳排放权限额交易的经济学理论源自产权交易理论，由著名经济学家科斯（R. H. Coase）1960 年在《社会成本问题》（The Problem of Social Cost）一文中首次提出（Coase，1960）。该理论的基本思想是：在产权（例如本书中的碳排放权）能被清晰界定，且不存在交易成本的理想前提下，市场能够自发调节，并在均衡状态下实现资源的最优配置。

为了纪念科斯的贡献，经济学界将其命名为"科斯定理"，并将其写入经济学教科书，成为广为人知的经典理论。按照科斯定理，法定产权的初始归属并不重要，只要权利主体是明确的并且权利可以无成本自由交换，市场就能够进行自由调节，最终达到有效的均衡状态，实现资源的帕累托最优（Pareto Optimality）。

科斯定理有两个重要的假设：第一，产权界定是清晰的，初始产权归属于哪一方不重要，但是归属的主体必须明确；第二，交易成本为零，包括产权交易涉及的协商谈判、订立交易协议以及执行等成本，科斯称之为"运用价格机制所需的成本"。

（二）科斯定理作用机制

以下通过《社会成本问题》一文中科斯所采用的例子，具体介绍科斯定理的作用机制。

假设：①市场是完全竞争的市场，谷物和牛的产量分别为 Q_A 和 Q_B，谷物和牛的价格分别为 P_A 和 P_B，农夫和养牛人是市场价格的接收者；②规模报酬递减（即边际成本递增），种植谷物和养牛的成本分别为 C_A 和 C_B，边际成本分别为 MC_A 和 MC_B；③农夫种植谷物和养牛人养牛的利润分别为 π_A 和 π_B。

在没有外部性的情形下，养牛的私人成本与社会成本一样，实现收益最大化的状态如图 2-1 的 E 所示，此时最优的养牛规模为 Q_B^*，此时 $MC_B = MR_B = P_B$。同理，也可求得农夫实现收益最大化状态下的 Q_A^*，此时 $MC_A = MR_A = P_A$。

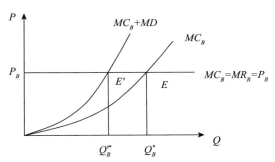

图 2-1 不同情形下养牛的均衡状态

在存在外部性的情形下，由于牛群会对谷物造成损失，该部分损失需要养牛人承担，此时养牛的私人成本与社会成本不一致，并且此时养牛的边际社会成本是养牛边际私人成本 MC_B 和牛对谷物造成的边际损失 MD 之和，而边际社会收益与私人收益相等，此时的均衡点为 E'，最优的养牛规模为 Q'^*_B。可见，存在外部性时，养牛最优规模 Q'^*_B 小于没有外部性时的规模 Q_B^*，说明外部性导致了最优社会规模的偏离且小于私人最优规模。为了克服外部性，需要界定产权并进行产权交易。

1. 科斯第一定理

为了便于分析，设定成本函数 $C_A = C_A(Q_A, Q_B)$ 和 $C_B = C_B(Q_B)$，分

别表示农夫和养牛人的成本函数，由于外部性的存在，农夫的成本函数受到养牛数量 Q_B 的影响。

情形 1：对损害承担赔偿责任的作用机制。

在这种机制安排下，公共权利（牛损害谷物的权利）属于农夫，当牛群对谷物产生损害时，养牛人需要向农夫支付赔偿，假设为线性齐次函数 $c(Q_2)$，而这种赔偿被内化为养牛人的养牛成本。因此，农夫和养牛人通过市场机制进行交易的结果可表示成以下模型：

$$\underset{Q_A, Q_B}{\text{Max}}\{\pi_A = P_A Q_A - C_A(Q_A, Q_B) + c(Q_B); \pi_B = P_B Q_B - C_B(Q_B) - c(Q_B)\} \tag{2-1}$$

根据最优化一阶条件，可整理得：

$$P_A = \partial C_A(Q_A^*, Q_B^*) / \partial Q_A \tag{2-2}$$

$$P_B = \partial C_A(Q_A^*, Q_B^*) / \partial Q_B + \partial C_B(Q_B^*) / \partial Q_B \tag{2-3}$$

式（2-2）和式（2-3）均反映了利润最大化的原则及其最优的配置结果（Q_A^*，Q_B^*）。其中，式（2-2）表示农夫生产谷物的边际成本等于谷物的价格，这与完全竞争市场下利润最大化原则一致（李仁君，1999）；式（2-3）反映了养牛人利润最大化定价原则，等于养牛人自身的边际成本 $\partial C_B(Q_B^*) / \partial Q_B$，加上因养牛给农夫造成的边际损失 $\partial C_A(Q_A^*, Q_B^*) / \partial Q_B$（即边际外部成本），外部成本被内部化。

情形 2：对损害不承担赔偿责任的作用机制。

在这种机制安排下，公共权利（牛损害谷物的权利）属于养牛人，当农夫为了避免牛群对谷物产生损害，需要向养牛人支付权利的价款，假设为线性齐次函数 $r(Q_2)$，这种价款可视为养牛人获得的赔款。此时，农夫和养牛人通过市场机制进行交易的结果可表示成以下模型（李仁君，1999）：

$$\underset{Q_A, Q_B}{\text{Max}}\{\pi_A = P_A Q_A - C_A(Q_A, Q_B) - r(Q_B); \pi_B = P_B Q_B - C_B(Q_B) + r(Q_B)\} \tag{2-4}$$

根据最优化一阶条件，可整理得：

$$P_A = \partial C_A(Q_A^*, Q_B^*) / \partial Q_A \tag{2-5}$$

$$P_B = \partial C_A(Q_A^*, Q_B^*) / \partial Q_B + \partial C_B(Q_B^*) / \partial Q_B \tag{2-6}$$

显然，此种情形下的最优化配置结果依然是（Q_A^*，Q_B^*），而且与对损害承担赔偿责任的作用机制情形一样，因为式（2-5）和式（2-6）的结果表示与式（2-2）和式（2-3）完全一致。

更为一般的情况下，农夫或养牛人对公共权利（牛损害谷物的权利）不具有完全的权利，他们各自享有一部分权利。假设农夫享有公共权利的份额为 λ，则养牛人享有的份额为 $1-\lambda$，其中 $\lambda \in [0, 1]$。因此，当 $\lambda = 0$ 时，则属于情形 2；当 $\lambda = 1$ 时，则属于情形 1。同理，通过构造农夫和养牛人通过市场机制进行交易的模型，通过求解最优化一阶条件可得到最优的配置结果仍为（Q_A^*，Q_B^*）（李仁君，1999），并且最优配置组合与公共权利的份额 λ 无关。

以上为科斯第一定理，即在不存在交易成本的理想前提下，只要能将产权界定清晰，则无论初始的产权归属于谁，都能够通过市场机制的自动调节，实现资源的有效配置，这也是产权交易理论的作用机制之一（Coase，1960）。

2. 科斯第二定理

科斯第一定理假设不存在交易成本，第二定理将该假设剔除，即交易存在成本。在农夫和养牛人的案例中，假设交易成本为线性齐次函数 $t(Q_2)$，且交易成本由赔偿者承担。

情形 1：对损害承担赔偿责任的作用机制。

此情形下，养牛人除了向农夫支付损失赔偿 $c(Q_2)$，还需要支付交易成本 $t_B(Q_2)$，此时，农夫和养牛人通过市场机制进行交易的结果可表示成以下模型（李仁君，1999）：

$$\underset{Q_A, Q_B}{\text{Max}} \{ \pi_A = P_A Q_A - C_A(Q_A, Q_B) + c(Q_B); \pi_B = P_B Q_B - C_B(Q_B) - c(Q_B) - t_B(Q_B) \} \quad (2-7)$$

根据最优化一阶条件，可整理得：

$$P_A = \partial C_A(Q_A^{*1}, Q_B^{*1}) / \partial Q_A \quad (2-8)$$

$$P_B = \partial C_A(Q_A^{*1}, Q_B^{*1}) / \partial Q_B + \partial C_B(Q_B^{*1}) / \partial Q_B + \partial t_B(Q_B^{*1}) / \partial Q_B \quad (2-9)$$

此时最优的资源配置为（Q_A^{*1}，Q_B^{*1}）。

情形 2：对损害不承担赔偿责任的作用机制。

此种情况下，农夫除了需要向养牛人支付权利的价款 $r(Q_2)$，还需要支付交易成本 $t_A(Q_2)$。此时，农夫和养牛人通过市场机制进行交易的结果可表示成以下模型：

$$\underset{Q_A,Q_B}{\text{Max}}\{\pi_A = P_A Q_A - C_A(Q_A,Q_B) - r(Q_B) - t_A(Q_B); \pi_B = P_B Q_B - C_B(Q_B) + r(Q_B)\} \quad (2-10)$$

根据最优化一阶条件，可整理得：

$$P_A = \partial C_A(Q_A^{*2}, Q_B^{*2})/\partial Q_A \quad (2-11)$$

$$P_B = \partial C_A(Q_A^{*2}, Q_B^{*2})/\partial Q_B + \partial C_B(Q_B^{*2})/\partial Q_B + \partial t_A(Q_B^{*2})/\partial Q_B \quad (2-12)$$

此时最优的资源配置为 (Q_A^{*2}, Q_B^{*2})。

由于农夫和养牛人支付交易成本的函数及其分布情况不一样，即 $t_A(Q_2) \neq t_B(Q_2)$，所以，$\partial t_A(Q_B^{*2})/\partial Q_B \neq \partial t_B(Q_B^{*1})/\partial Q_B$，以上两种产权界定下的资源配置结果不再相同。

类似地，更为一般的情形下，农夫或养牛人对公共权利（牛损害谷物的权利）不具有完全的权利，他们各自享有一部分权利，并且存在交易成本。农夫和养牛人通过市场机制进行交易的结果可表示成以下模型：

$$\underset{Q_A,Q_B}{\text{Max}}\{\pi_A = P_A Q_A - C_A(Q_A,Q_B) - \lambda r(Q_B) + (1-\lambda)c(Q_B) - \lambda t_A(Q_B);$$
$$\pi_B = P_B Q_B - C_B(Q_B) + \lambda r(Q_B) - (1-\lambda)c(Q_B) - \lambda t_B(Q_B)\} \quad (2-13)$$

根据最优化一阶条件，可整理得：

$$P_A = \partial C_A(Q_A^{*3}, Q_B^{*3})/\partial Q_A \quad (2-14)$$

$$P_B = \partial C_A(Q_A^{*3}, Q_B^{*3})/\partial Q_B + \partial C_B(Q_B^{*3})/\partial Q_B + \lambda \partial t_A(Q_B^{*3})/\partial Q_B +$$
$$(1-\lambda)\partial t_B(Q_B^{*3})/\partial Q_B \quad (2-15)$$

此时最优的资源配置为 (Q_A^{*3}, Q_B^{*3})，产权的初始界定 λ 对最优资源配置组合存在影响。

与式（2-6）右侧相比，式（2-15）右侧多了如下约束：

$$[\lambda \partial t_A(Q_B^{*3})/\partial Q_B + (1-\lambda)\partial t_B(Q_B^{*3})/\partial Q_B] > 0$$

由于牛的价格 P_B 由市场决定，所以存在：

$$[\partial C_A(Q_A^{*3},Q_B^{*3})/\partial Q_B+\partial C_B(Q_B^{*3})/\partial Q_B]<[\partial C_A(Q_A^*,Q_B^*)/\partial Q_B+$$

$$\partial C_B(Q_B^*)/\partial Q_B] \tag{2-16}$$

式（2-16）表明，在存在交易成本的情况下，养牛人养牛规模 Q_B^{*3} 的内外部边际成本之和小于无交易成本情况下（养牛规模 Q_B^*）的边际成本之和。由于边际成本函数为递增函数，所以 $Q_B^{*3}<Q_B^*$。这表明存在交易成本的情况下，最优的养牛规模要小于无交易成本情况下的养牛规模，两者的差异由产权的初始份额（λ 值）和交易成本决定。

这就是科斯第二定理，即如果存在交易成本，合法权利的初始界定会对经济制度运行的效率产生影响（Coase，1960）。

3. 科斯第三定理

科斯第二定理指出，在交易成本一般大于零的现实世界里，产权的不同界定会对资源配置效率产生不同的影响。因此，如何进行制度安排，使交易成本最小化，十分重要。对此，科斯提出一种替代市场交易机制，如果这种替代机制能够实现与市场交易一样的效果并且成本小于市场交易机制下的成本，则能够提高效率，企业则是采用这种替代机制的代表。

同样以农夫和养牛人为例，养牛人既可以通过与农夫的交易实现谷物和牛群规模的优化配置，也可以通过兼并农夫的谷物土地，组建企业，实现一体化运行。假设企业组织内部的运行成本为 $M(S)$，其由企业的规模 S 决定，而企业规模 S 又由牛的数量 Q_B 决定，即 $S=S(Q_B)$；在市场交易中交易成本 T 与企业的规模相关，即 $T=T(S)$。当企业组织运行所带来的成本变化小于市场交易成本变化时，企业的规模才会不断扩大。随着企业规模的扩大，企业管理及运行的成本也会逐渐增大，因此存在 $\partial M(S)/\partial S>0$；而由于企业组织是市场交易机制的替代，随着企业规模的扩大，市场交易规模将缩小，对应的交易成本也将下降，因此存在 $\partial T(S)/\partial S<0$。作为养牛人，他既可以选择企业组织运行，也可以通过市场交易达成目的。因此，在养牛规模为 Q_B 的情况下，他面临的制度成本 C_S 可以表示为：

$$C_S = T[S(Q_B)] + M[S(Q_B)] \tag{2-17}$$

养牛人将选择最优的规模 Q_B 使得成本 C_S 最小，即：

$$\underset{Q_B}{\text{Min}}\, C_S = T[S(Q_B)] + M[S(Q_B)] \tag{2-18}$$

根据最优化一阶条件，整理可得：

$$\partial M[S(Q_B^*)]/\partial S = -\partial T[S(Q_B^*)]/\partial S \tag{2-19}$$

式（2-19）表明在最优的企业规模（养牛数量）下，边际交易成本等于边际企业运行成本。当边际企业运行成本大于边际交易成本，即 $\partial M[S(Q_B^*)]/\partial S > \partial T[S(Q_B^*)]/\partial S$ 时，企业将缩减规模；反之，企业将扩大规模。

科斯第三定理认为，企业组织是市场交易机制的替代物，最优的生产结构应该是企业组织和市场机制的有机结合。

二　排污权交易

（一）排污权交易理论概述

基于科斯定理，美国学者戴尔斯（J. H. Dales）1968 年在《污染、财富和价格》（*Pollution*，*Property & Prices*）一书中首次提出"排污权交易"的概念和框架。排污权交易有两个核心问题：一是总量限定，二是配额分配。具体地，排污权交易是指，在一定时期及一定范围内，由第三方主体（如政府）确定排污总量上限，同时确定交易主体排污权的初始配额。获取配额的主体可以在排污权市场上出售多余的排污权配额或者购买短缺的排污权配额。在这样的市场机制作用下，交易主体能以比行政命令式管制更低的成本实现污染物排放总量控制目标，因此，排污权交易被视作一种结合政府干预（"看得见的手"）和市场调节（"看不见的手"）的有效污染治理机制（杨秀汪等，2021）。

（二）排污权交易理论作用机制

排污权交易理论充分发挥了政府干预和经济激励政策相结合的优势，既能对排污总量进行控制，又能通过市场机制使企业形成对排污权的价格预期，并结合自身边际减排成本进行相应决策，实现帕累托改进。以下具体介绍该理论的作用机制。

假设某个区域内仅存在两家排污企业 A 和 B，政府设定某年的污染物排放总量为 Q_T，其中 A 企业的污染物排放量为 Q_A，B 企业的污染物排放量为 Q_B，则有 $Q_T = Q_A + Q_B$。假设企业 A 的减排成本为 $C_A(Q_A)$，边际减排成本为 $MC_A = \partial C_A(Q_A) / \partial Q_A$；企业 B 的减排成本为 $C_B(Q_B)$，边际减排成本为 $MC_B = \partial C_B(Q_B) / \partial Q_B$。假设企业 A 和企业 B 都是理性厂商，其减排成本的变化符合一般的经济学分析，即 $MC_i = \partial^2 C_i(Q_i) / \partial Q_i^2 < 0$（$i = A$，$B$）。假设不存在交易成本，排污权交易价格为 P_r。企业 A 和 B 可通过市场交易实现减排成本最小化，排污权交易实现两者成本最小化的模型可表示为：

$$\underset{Q_A, Q_B}{\text{Min}}\ C = C_A(Q_A) + C(Q_B)$$
$$\text{s. t.}\ Q_A + Q_B \leqslant Q_T \tag{2-20}$$

构建拉格朗日极值函数 $L = C_A(Q_A) + C_B(Q_B) + \lambda(Q_T - Q_A - Q_B)$，根据最小化一阶条件，整理得：

$$\partial L / \partial Q_A = \partial C_A(Q_A) / \partial Q_A - \lambda = 0$$
$$\partial L / \partial Q_B = \partial C_B(Q_B) / \partial Q_B - \lambda = 0$$

综上，均衡的排污量将由 $\partial C_A(Q_A^*) / \partial Q_A = \partial C_B(Q_B^*) / \partial Q_B$ 决定，即当企业 A 和企业 B 的边际减排成本相等 [$MC_A(Q_A^*) = MC_B(Q_B^*)$] 时，减排成本实现最小化。当企业 A 的边际减排成本等于排污权价格 P_r，且企业 A 的边际减排成本小于企业 B 的边际减排成本（$P_r = MC_A < MC_B$）时，企业 B 会选择以比自身减排成本稍低的价格 P_{r1}（$P_{r1} < MC_B$）在市场上从企业 A 购买排污权以满足减排需求，而企业 A 也可选择通过减少排放并将多余的排放权以比自身减排成本稍高的价格 P_{r1}（$MC_A < P_{r1}$）在市场上卖给企业 B，此时企业 A 和企业 B 都能从交易中降低成本或获得收益。以此推断，只要企业 A 和企业 B 的边际减排成本不相等，则一定能通过双方交易实现彼此福利的增加（帕累托改进）。当企业 A 和企业 B 的边际减排成本相等且等于排污权价格（$MC_A = MC_B = P_r^*$）时，企业 A 和企业 B 的减排成本之

和达到最小，即整个区域的排污成本最小（帕累托最优），同时也实现了污染排放总量控制。

以此类推，假设一个市场上存在 N 个理性排污企业，也能够得出相同的结论。每个企业都可能通过选择增加减排量或者购买配额降低履约成本，最终以最小的减排成本实现排放总量的控制，达到排污权交易机制的经济有效性和政策有效性的统一。

三　市场均衡

（一）市场均衡理论概述

市场价格是碳排放权限额交易及其他排污权交易体系的一大核心问题。与碳税相比，碳排放权限额交易的区别在于，虽然排污总量由政府决定，但交易价格是由市场供需决定的。其理论基础是均衡价格理论，它由英国学者马歇尔提出。该理论的基本思想是：在其他条件既定的前提下，商品的市场价格是在市场机制作用下，由商品的供给与需求关系自发调节形成的，市场均衡价格取决于商品供给曲线和需求曲线的交点。

（二）市场均衡理论作用机制

马歇尔认为，消费者对商品的需求与商品给消费者带来的边际效用密切相关，并使用货币来衡量商品效用的大小，边际效用的大小决定了商品价格的高低。而随着商品数量的增加，商品对消费者的边际效用递减，商品价格也下降。因此，单个消费者的需求曲线随着商品数量的增加而向下倾斜，市场上所有消费者的需求加总可得市场的需求。市场的供给由商品的成本决定，所有投入要素（包括劳动力、土地、资本等）的成本共同决定了商品的供给。基于商品供给与需求的分析，马歇尔提出了均衡价格理论，即当市场上商品的供给和需求达到均衡状态时，产量和价格也同时达到了均衡状态。

如图 2-2 所示，$D(p)$ 表示商品的需求曲线，$S(p)$ 表示商品的供给曲线。当市场达到均衡时，有 $D(p) = S(p)$，称满足这一等式的价格 p^* 为均衡价格，此时对应的 $Q^* = D(p^*) = S(p^*)$ 为均衡产量。当商品

产量为 Q_1 时，商品的需求价格丨D_1Q_1丨大于商品的供给价格丨S_1Q_1丨，此时厂商有利可图，商品的供给量将增加；而当商品产量为 Q_2 时，商品的需求价格丨D_2Q_2丨小于商品的供给价格丨S_2Q_2丨，此时厂商无利可图并面临经营亏损，商品的供给量将趋于减少。因此，无论商品的供给价格大于或小于商品的需求价格，商品的产量都将发生相应调整，一直到商品的供给价格等于需求价格时，商品的供给和需求达到均衡状态（Q^*，p^*）。

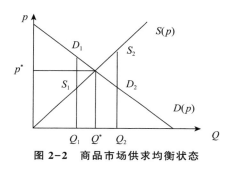

图 2-2 商品市场供求均衡状态

碳排放权作为一种没有实物形态的商品，由于人为创造的"稀缺性"而产生了相应的价值。在碳排放权交易市场上，碳排放权的供求关系也应该符合均衡价格理论的作用机制（王宇露、林健，2012）。也就是说，当碳排放权的需求价格高于供给价格时，碳排放权的供给将趋于增加；而当其需求价格低于供给价格时，碳排放权的供给将趋于减少。在碳交易过程中，碳交易的价格将为碳排放权供求提供价格信号，引导市场参与者结合自身减排技术特征、减排成本等因素决定是否参与碳交易市场的买卖，从而以最小的成本实现碳排放的调控目标。

2.2 碳排放权交易的作用机制

根据排污权交易理论，每个企业都可能通过选择减少排放或购买配额的方式，降低履约成本，最终以最小的减排成本实现排放总量的控制，达到排污权交易机制的经济有效性和政策有效性的统一。具体地，下文将主要探讨中国碳排放权交易制度的多个关键方面，包括交易主体、交易动机、总量与配额设计，以及市场出清，并据此将碳排放纳入企业生产决策，以成本最小化为目标，分析碳排放权交易对微观排放主体和社会经济的影响。

一 交易主体

碳配额交易是政府为了以相对较低的成本完成既定控排目标，将其以碳排放配额的方式分配至下级政府和企业，并允许其在一定时间和空间的约束下进行交易的一种政策手段。碳配额市场的交易主体包括控排企业、投资机构和个人；交易客体，即交易标的为碳排放配额。

对于各试点地区，根据其各自碳配额交易制度的规定，北京、上海不允许个人参与碳配额交易，其他5个试点地区碳配额交易主体均包括各自地区碳配额管理的控排企业、符合交易规则的法人机构及个人。其中，各试点地区符合交易规则的法人机构准入标准略有差异，包括但不限于对法人类型、注册资本、相关行业资质等方面的要求。

对于全国碳配额交易市场，只要是符合国家有关交易规则的企业、机构甚至个人，都是碳市场的交易主体。但目前还仅限于重点排放单位，准入标准是温室气体年度排放量达2.6万吨二氧化碳当量（综合能源消费量约1万吨标准煤）且具有独立法人资格的企业或其他经济组织。交易主体需根据国家技术规范编制并报告其温室气体排放情况，在规定时限内清缴等于（或大于）实际排放量的碳排放配额，并接受主管部门的核查。

二 交易动机

（一）政府动机

第一，随着气候变化问题的日益严峻，中国对减少温室气体排放的需求不断增加，即碳排放配额变得愈加稀缺，进而相对价格上升。在此背景下，政府建立碳配额交易制度并从中获得更多收益，且这种收益远大于所需支付的成本。这是中国碳配额交易制度设立乃至发生演进的主要原因。

第二，技术进步，即中国经济转型的需要。中国经济正处于从高速增长向高质量发展转变的关键阶段，企业多进行技术创新和节能减排，推动产业结构优化以寻求新的发展，碳配额交易制度的需求正是利用这种新的潜在外部性，二者相辅相成、相互促进。

第三，其他制度安排的变迁，即与碳配额交易制度相关的其他环境保护政策及法规的变化。一个制度结构中制度安排的实施是彼此依存的。在未建立碳配额交易制度前，中国实施了一系列的环境保护政策和措施，如号召节能减排、设立环境法规等。然而，这些政策和措施往往存在执行不力、核查困难等问题。碳配额交易制度的引入可以提供更为有效的环境保护机制，加强政策间的衔接。

（二）企业动机

第一，相应政策要求，面对低碳、绿色发展的全球趋势，中国的政策导向对重点排放企业的规范要求日益严格。在这一大背景下，企业确保所持有的碳排放配额与实际排放量相符，且符合国家标准，这已成为其实现可持续发展的必由之路。未能达标的企业可能面临经济罚款、生产限制，甚至品牌声誉受损等严重后果。因此，企业从长远发展战略出发，积极参与碳市场交易，通过尽早参与和适应碳排放权交易，为企业在未来的低碳经济发展中赢得有利地位奠定坚实基础。

第二，满足成本控制需求，碳排放权交易为企业提供了一种经济高效的减排途径。通过市场机制，企业能够灵活购买或出售碳排放配额，以满足自身的排放需求。与直接投资高昂的减排技术相比，这种市场化手段不仅效率更高，而且成本更低。此外，碳排放权交易市场还为企业提供了一个风险管理工具，使其能够通过交易来预测和对冲未来碳排放成本及政策变动带来的潜在风险。

第三，提升企业形象与市场竞争力，积极参与碳排放权交易不仅彰显了企业对环境保护的承诺和责任感，而且有助于塑造企业的绿色形象，增强消费者和投资者的信心。提高运营透明度，强化利益相关者对企业环保责任的信任，有助于企业构建更广泛的社会资本和合作网络，从而在市场中获得竞争优势，实现可持续发展。

三 总量与配额设计

(一) 总量设计依据与结构

根据国家或地区的减排目标和减排实际情况，确定一定时期内国家或地区可供交易的碳配额总量，它也是纳入碳配额交易制度的控排企业碳排放的上限。配额总量的设定首先应明确总量的时间跨度，大多以一年或多年为基础，与减排目标承诺阶段相对应。此外，配额总量设定模式会对最终设定的配额总量产生重要影响。一般包括三种模式：一是自上而下模式，根据上一层面的碳排放总量或控制目标总量计算下一层面的排放上限；二是与之相反的自下而上模式；三是二者混合模式。中国碳配额总量制度采取的是混合模式，总体上采取自上而下模式，对具体行业如发电行业采取自下而上模式。

配额总量结构一般由分配配额和储备配额组成。分配配额是政府基于历史排放数据、行业特征、产能规模等因素将一定数量的碳配额直接分配给符合条件的行业和企业。其目的在于确保控排企业有足够的碳配额可供交易，激励它们采取减排措施。储备配额是由政府保留的用于应对市场需求波动或不可预测情况的碳配额，一般占比小于10%。储备配额不直接分配给行业和企业，是政府预留的可以用于事后总量调整或配额拍卖的重要部分。储备配额的设立旨在增强碳配额交易制度的灵活性和稳定性。

(二) 总量设计影响因素

碳配额总量的设计需要考虑以下细分因素。第一，配额总量的设定首先要考虑国家对温室气体排放的宏观控制目标。其中包括与国家发展战略紧密结合的长期减排愿景，以及与全球气候变化协议对接的国际承诺。同时，短期减排目标需灵活调整，以适应各行业具体的减排能力和经济条件。

第二，注重经济增长与产业升级的协调，在制定碳配额政策时，必须平衡经济增长、产业结构优化以及能源消耗等核心经济要素。这些关键的约束性条件直接塑造了碳排放的格局，要求我们在保持经济活力的同时，积极引导产业发展向低碳和环境友好型模式转变，旨在实现经济发展与环境保护的双赢，推动构建一个可持续的、绿色低碳的经济体系。

第三，重点排放单位的纳入与分析，对于重点排放单位，需要进行深入分析，评估其排放现状和减排潜力，确保这些单位的有效纳入，以增强碳配额制度的实际减排效果。

第四，依赖科学的评估和预测来确定配额总量。这要求拥有详尽且可靠的温室气体排放数据，同时考虑各行业的减排潜力和碳排放强度等关键性指标。通过这样的综合分析，可以进行精准预测，从而为设定合理的配额总量提供坚实的数据基础。这种方法不仅确保了政策的科学性和合理性，而且有助于实现碳排放控制目标，同时为经济的平稳过渡和可持续发展提供了支持。

第五，着眼于动态调整与长期规划的结合。制度设计倾向于实施一种渐进式收紧与有序增长相结合的"滚动"设定模式。在这种模式下，即便在交易周期内配额总量面临增长，整体的增长率仍能得到有效控制，以确保与我们制定的长远减排愿景和目标保持一致。

各试点及全国碳市场均实施年度更新机制，定期发布新一年度的碳排放配额分配方案。这一方案的制定综合考量了气候变化应对目标、经济增长态势、行业减排潜力以及历史配额的供需状况等多重因素，以实现碳配额总量的合理调整。相较于 2021 年，2022 年试点地区普遍上调了配额总量，这反映出对减排与经济发展双重目标的积极适应和响应。具体来看，湖北省的配额从 2021 年的 1.66 亿吨增加至 2022 年的 1.82 亿吨，上海市的配额亦从 1.05 亿吨小幅增长至 1.09 亿吨。广东省的配额虽有轻微上调，从 2.65 亿吨增至 2.66 亿吨，但深圳市的配额增量更为显著，提升了 300 万吨。与此同时，天津市的配额总量则保持稳定，未作调整。[①]

（三）配额分配原则

第一，追求公平与效率。一方面，政府在配额分配过程中，首先需参照基准年度和历史排放数据，确保分配的基础是准确和科学的。其次考虑企业所处行业的特色、规模、技术实力等差异化因素。此外，配额分配过

---

① 数据来源：各省生态环境厅发布的碳排放配额分配实施方案。

程的透明度、公正性和可追溯性是保障公平性的关键。另一方面，配额分配还需与经济效率紧密结合。政府应激励企业以市场为导向，探索成本效益最高的减排途径，充分调动企业在减排过程中的积极性和创造性。同时，考虑企业的减排潜力和技术创新能力，鼓励企业通过技术升级和管理优化，不断提升碳减排的效率和效益，推动经济与环境双重效益的最大化。

第二，兼顾经济效益与环境效益。一方面，配额分配应紧跟市场脉动，考虑成本效益、激发技术创新、引领产业升级。各参与主体在这一过程中应致力于经济效益的最大化。另一方面，以减排目标和环境需求为出发点，确保碳配额分配不仅能促进经济的可持续增长，也致力于环境保护和生态平衡。

第三，具备灵活性和适应性。一方面，配额分配应当具备足够的灵活性，以适应不同行业和企业的特定需求。考虑减排潜力、技术创新能力以及市场竞争力等关键因素，确保碳配额制度在各个领域的可操作性和实施效果的有效性。另一方面，碳配额交易制度必须具备强大的适应性，这意味着需要定期对配额分配方案进行评估和调整，以适应市场环境的变化和减排目标的演进。通过这种动态的管理机制，确保碳配额既具备必要的弹性，又能够持续有效地支持长期的环境和经济目标。

（四）配额分配方式及其影响

在碳配额交易体系中，政府扮演着关键角色，负责向参与其中的控排企业分配碳排放配额。分配过程不仅是对企业排放权利的一种界定，实质上也是对财产权利的一种赋予。配额的分配机制直接影响着企业参与碳市场的成本结构和经济激励。碳配额分配方式包括免费分配、有偿分配和混合分配三种。

第一，免费分配，即政府根据一定的方法和标准，无偿向企业分配配额。免费分配减轻了企业的减排压力，为高碳排放企业提供了过渡期，以适应新的碳配额交易机制，特别是在碳配额交易制度建设初期，极大地增强了对企业的吸引力，推进了碳市场的启动和运行。其缺点在于：在一定程度上削弱了碳配额交易的市场力量和价格信号强度，从而影响碳配额交易制度的效率。此外，免费分配碳配额使配额相对宽松，有可能导致某些高碳排放企业采取机会主义行为，比如将生产活动从配额紧张的地区转移到配额较为宽松的地区，进而引发所谓的碳泄漏问题。

免费分配包含两种配额核定方法——历史法和标杆法。一是历史法，又称祖父法，这种方法依据企业的过往碳排放记录来核定其未来的配额。政府通过收集和评估企业过去若干年的碳排放数据，基于这些历史数据为企业分配相应数量的免费碳配额。历史法可进一步细分为历史排放法和历史强度法，考虑到企业在碳排放上存在一定的持续性和惯性，据此为企业安排合理的配额，以确保平稳过渡。二是标杆法，此方法以行业内的最佳表现或最先进技术水平为准绳来确定企业的免费配额。政府通过设定行业碳排放的标杆，或参照最先进技术水平，将碳配额分配给那些达到或超越这一标准的企业。标杆法旨在激励企业采取更清洁、更高效的技术方案，从而推动整个行业的减排水平不断提升。

第二，有偿分配，主要分为固定价格出售和拍卖两种方式。①固定价格出售，政府以预先设定的固定价格向需求企业出售碳配额。这种方式为企业提供了预算确定性，简化了购买流程。②拍卖，此方式更为动态，政府通过公开拍卖的方式，让出价最高的企业获得配额。这种方式能够反映市场对配额的真实需求和价值。

有偿分配的优势在于能够为政府带来直接的财政收入，有助于减弱其他税收可能带来的市场扭曲效应，还能有效减少寻租行为，提升配额分配的透明度和公平性，同时在一定程度上缓解碳泄漏问题。这是因为它通过市场机制确保了配额的稀缺性和价值。然而，有偿分配也意味着企业需要承担额外的成本，这可能会影响企业的竞争力和利润空间。与免费分配相比，有偿分配可能会面临来自企业的更多抵触和实际操作中的更大挑战。

第三，混合分配，即免费分配和有偿分配的混合。目前，中国碳配额的分配方式主要是免费分配，小部分为有偿分配（拍卖）。其中，对于配额免费分配部分，各试点及全国碳市场综合考虑各行业企业排放数据特征、交易体系碳强度下降要求、行业转型升级要求和不同行业的协调问题，有选择性地采用历史排放法、历史强度法和行业基准法。

需要注意的是，即使试点省份均混合使用了三种方法免费分配配额，其核定方法也有所不同且会实时变更。在碳配额交易制度建设初期，各试点的配额分配多采用历史排放法和历史强度法，部分试点对数据条件较好、产品单一的行业，如电力、水泥等的企业采用行业基准法。之后，随着碳配额交易制度的发展，各试点省份针对不同行业设置不同配额核定方法。

四　市场出清

假设高排放企业实际碳排放量需求高于政府初始配额，这类企业需要向配额富余的企业认购配额以满足减排目标约束，假设高排放企业需要购买的配额量为 Q_B。低排放企业实际碳排放量需求低于政府初始配额，因此它可以在市场上出售多余的配额，在获取配额收益的同时也能够满足减排约束，假设低排放企业可出售的配额为 Q_S。

（一）　高排放企业最优选择

假设高排放企业的生产函数为 C-D（Cobb-Douglas）函数，且其投入要素包括资本、劳动力和二氧化碳，产出为 $Y=f(\cdot)$，因此高排放企业的生产函数可表示为：

$$f_1(K_1, L_1, Q_B) = A_1 K_1^{\alpha_1} L_1^{\beta_1} (Q_1 + Q_B)^{\gamma_1} \qquad (2-21)$$

其中，A_1、K_1、L_1 分别表示高排放企业的生产技术、资本投入和劳动投入，$(Q_1 + Q_B)$ 作为高排放企业的二氧化碳排放量，也被视为一种投入要素。由于高排放企业的生产技术水平相对较低，可设定其生产技术固定不变，即 A_1 为常数。Q_1 为政府给定的高排放企业碳排放总量限额，因此也为常数。假设 $\alpha_1 + \beta_1 + \gamma_1 = 1$，说明产出函数 $Y = f_1(\cdot)$ 为规模报酬不变的生产函数。

为了分析高排放企业利润最大化问题，设定产品价格，企业资本、劳动力和二氧化碳等投入要素的价格分别为 P_1、r_1、w_1 和 p_1。因此，高排放企业的利润最大化问题可由以下模型表示：

$$\begin{aligned} \underset{K_1, L_1, Q_B}{\text{Max}} \ \pi_1 &= P_1 f_1(K_1, L_1, Q_B) - (r_1 K_1 + w_1 L_1 + p_1 Q_B) \\ &= A_1 K_1^{\alpha_1} L_1^{\beta_1} (Q_1 + Q_B)^{\gamma_1} P_1 - (r_1 K_1 + w_1 L_1 + p_1 Q_B) \end{aligned} \qquad (2-22)$$

利润最大化的一阶条件为：

$$\frac{\partial \pi_1}{\partial K_1} = \alpha_1 A_1 K_1^{*\alpha_1-1} L_1^{*\beta_1} (Q_1 + Q_B^*)^{\gamma_1} P_1 - r_1 = 0$$

$$\frac{\partial \pi_1}{\partial L_1} = \beta_1 A_1 K_1^{*\alpha_1} L_1^{*\beta_1-1} (Q_1 + Q_B^*)^{\gamma_1} P_1 - w_1 = 0 \qquad (2-23)$$

$$\frac{\partial \pi_1}{\partial Q_B} = \gamma_1 A_1 K_1^{*\alpha_1} L_1^{*\beta_1} (Q_1 + Q_B^*)^{\gamma_1-1} P_1 - p_1 = 0$$

由式（2-23）可得利润最大化情形下，高排放企业在市场上购买碳配额的价格为：

$$p_1 = \gamma_1 A_1 K_1^{*\alpha_1} L_1^{*\beta_1} (Q_1 + Q_B^*)^{\gamma_1-1} P_1 \qquad (2-24)$$

式（2-24）表明，在其他要素投入不变的情况下，当碳配额价格等于高排放企业通过购买配额获取碳排放的边际要素价值 $P_1 \cdot \partial f_1 (K_1, L_1, Q_B) / \partial Q_B |_{K_1=K_1^*, L_1=L_1^*, Q_B=Q_B^*}$ 时，高排放企业将实现利润最大化。当 $p_1 < \gamma_1 A_1 K_1^{*\alpha_1} \times L_1^{*\beta_1} (Q_1 + Q_B^*)^{\gamma_1-1} P_1$ 时，即碳配额价格低于碳排放的边际要素价值时，高排放企业支付配额价格并获取碳排放量（碳排放权利）随后投入生产，能使利润增加；当 $p_1 > \gamma_1 A_1 K_1^{*\alpha_1} L_1^{*\beta_1} (Q_1 + Q_B^*)^{\gamma_1-1} P_1$ 时，即碳配额价格高于碳排放的边际要素价值时，高排放企业将减少从市场上购买的碳配额，以减少生产损失。

（二）低排放企业最优选择

与高排放企业类似，假设低排放企业的生产函数也为 C-D（Cobb-Douglas）函数，其投入要素包括资本（K_2）、劳动力（L_2）和二氧化碳（$Q_2 - Q_S$），其中，Q_S 为低排放企业向高排放企业销售的配额（$0 \leq Q_S \leq Q_2$），产出为 $Y = f_2 (\cdot)$。同样，假定低排放企业的产品价格，资本、劳动力和二氧化碳等投入要素的价格分别为 P_2、r_2、w_2 和 p_2。不同于高排放企业生产技术不变的假定，低排放企业通过出售富余的碳配额获取资金，并且将一部分（假设为 θ，$0 \leq \theta \leq 1$）资金用于技术研发，假设研发投入对技术进步的贡献系数为 η，因此可设定其生产技术为 $A_2 = A_0 (1 + \eta \theta p_2 Q_S)$，其中 A_0 为企业的原有技术水平。因此，低排放企业的生产函数可表示为：

$$f_2(K_2, L_2, Q_S) = A_2 K_2^{\alpha_2} L_2^{\beta_2} (Q_2 - Q_S)^{\gamma_2} = A_0(1 + \eta\theta p_2 Q_S) K_2^{\alpha_2} L_2^{\beta_2} (Q_2 - Q_S)^{\gamma_2} \quad (2-25)$$

假设 $\alpha_2 + \beta_2 + \gamma_2 = 1$，说明低排放企业的产出函数 $Y = f_2(\cdot)$ 为规模报酬不变的生产函数。

同样求解低排放企业利润最大化问题，可由以下模型表示：

$$\begin{aligned}\max_{K_2, L_2, Q_S} \pi_2 &= P_2 f_2(K_2, L_2, Q_S) - (r_2 K_2 + w_2 L_2) \\ &= A_0(1 + \eta\theta p_2 Q_S) K_2^{\alpha_2} L_2^{\beta_2} (Q_2 - Q_S)^{\gamma_2} P_2 - (r_2 K_2 + w_2 L_2)\end{aligned} \quad (2-26)$$

利润最大化的一阶条件为：

$$\frac{\partial \pi_2}{\partial K_2} = \alpha_2 A_0(1 + \eta\theta p_2 Q_S^*) K_2^{*\alpha_2 - 1} L_2^{*\beta_2} (Q_2 - Q_S^*)^{\gamma_2} P_2 - r_2 = 0$$

$$\frac{\partial \pi_2}{\partial L_2} = \beta_2 A_0(1 + \eta\theta p_2 Q_S^*) K_2^{*\alpha_2} L_2^{*\beta_2 - 1} (Q_2 - Q_S^*)^{\gamma_2} P_2 - w_2 = 0$$

$$\frac{\partial \pi_2}{\partial Q_S} = A_0 \eta\theta p_2 K_2^{*\alpha_2} L_2^{*\beta_2} (Q_2 - Q_S^*)^{\gamma_2} P_2 - \gamma_2 A_0(1 + \eta\theta p_2 Q_S^*) K_2^{*\alpha_2} L_2^{*\beta_2} (Q_2 - Q_S^*)^{\gamma_2 - 1} P_2 = 0$$

$$(2-27)$$

由式（2-27）可得利润最大化情形下，低排放企业在市场上出售碳配额的价格可表示为：

$$p_2 = \frac{\gamma_2}{\eta\theta[Q_2 - (1+\gamma_2)Q_S^*]} \quad (2-28)$$

当碳排放交易市场达到均衡时，高排放企业与低排放企业的碳排放权价格应满足 $p_1 = p_2 = p^*$，由式（2-24）和式（2-28）可求得均衡的交易量 Q^*（$Q_B^* = Q_S^* = Q^*$），因为市场上仅存在两类企业，所以碳排放配额购买量与销售量相等。均衡的交易价格和交易量可由以下方程组表示：

$$\begin{cases} p_1 = \gamma_1 A_1 K_1^{*\alpha_1} L_1^{*\beta_1} (Q_1 + Q_B^*)^{\gamma_1 - 1} P_1 \\ p_2 = \dfrac{\gamma_2}{\eta\theta[Q_2 - (1+\gamma_2)Q_S^*]} \\ p_1 = p_2 = p^* \\ Q_B^* = Q_S^* = Q^* \end{cases} \quad (2-29)$$

当碳排放权交易市场价格低于均衡价格 p^* 时，高排放企业通过购买碳配额获取额外的碳排放量进行生产并且能够获利，而此时低排放企业也能够通过卖出碳排放配额获利。而当碳排放权交易市场价格高于均衡价格 p^* 时，高排放企业购买碳排放配额进行生产不仅不能获利，反而会减少利润，此时高排放企业不会在市场上购买配额；与此同时，低排放企业也无法通过卖出碳排放配额获利。当碳排放权交易市场价格等于均衡价格 p^* 时，市场处于相对均衡稳定的状态，高排放企业和低排放企业此时均实现利润最大化。

五　碳排放权交易对微观排放主体的影响

1. 碳排放权交易对配额短缺主体的作用机制

对于碳排放配额不足的企业（一般是排放较高的企业），碳排放权交易通过一系列机制，影响其生产规模、生产技术和生产策略等，从而实现碳排放量控制。具体来说，这种影响的传导机制包括惩罚效应、规模效应和替代效应。

惩罚效应是指，当碳配额的价格高于企业碳排放产生的边际产品价值时，企业通过购买碳配额进行生产并不会增加企业的利润。如果此时企业产品的价格较高，企业扩大生产是有利可图的，则企业可能会选择继续追加生产投入，但是继续扩大生产也意味着碳排放量增加，在碳配额有限且购买配额不经济的情况下，企业扩大生产将导致碳排放量超标。如此，企业将受到来自政府部门的监管处罚，或者企业在权衡超额排放导致的处罚与扩大生产获取的收益之后选择放弃扩大生产，而这也意味着企业将错失获得更多利润的机会。在此种情况下，无论企业如何选择，都将处于被"惩罚"的境地（政府监管处罚或错过获利机会）。为了避免被"惩罚"，高排放企业需要采取措施，降低单位产品的碳排放量（即降低碳强度）。如此，一方面能够降低企业因购买配额而增加的成本支出；另一方面也能确保企业在扩大生产规模的同时控制碳排放量的增长，尤其是当碳排放需求量超过初始配额与可购买配额之和时，避免错过难得的市场发展机遇。

规模效应是指，高排放企业往往规模庞大、能耗巨大，并且可能使用较为落后的生产技术，属于资源密集型行业。这些企业可能因历史上的高碳排放模式而长期处于高排放状态，导致它们当前面临较高的边际减排成本。在没有碳排放限制的情况下，这些企业往往会通过扩大规模来获得更大的成本优势。然而，碳排放限额的引入导致企业成本显著增加，甚至会削弱其产品的市场竞争力。为此，企业的最佳策略是进行碳减排技术的研究与开发。凭借规模经济、资源优势和充足的资金支持，这些企业有能力快速优化生产工艺、更新生产设备，或者采用清洁能源技术，从而减小碳排放成本对产品竞争力的负面影响。同时，这也有助于企业在长远中实现碳排放的降低。

替代效应是指，当企业碳排放产生的边际产品价值高于碳配额的市场价格时，企业通过购买碳配额以维持生产，能够增加利润。简言之，如果企业的边际减排成本超过了市场上碳配额的价格，企业将倾向于通过购买配额，而不是自行减排来满足碳排放控制目标。这种策略在短期内可以视为企业实现碳减排目标的一种替代手段。然而，值得一提的是，随着生产规模的不断扩大和碳排放量达到峰值，碳排放权将逐渐转为一种稀缺资源，其市场价格亦将随之上涨，最终超过企业的边际减排成本。这一变化预示着，大规模购买碳配额将不再是成本效益最优的选择。因此，从长远角度审视，对于那些资产规模庞大、技术相对陈旧的资源密集型高排放企业，其长期规划还是调整策略，通过逐步淘汰那些污染严重、能耗高、效率低下的落后产能，降低能源消耗和碳排放水平，减少对碳配额的购买，转而增加自身的减排行动，实现从依赖购买配额向自我减排的转变。

2. 碳排放权交易对配额富余主体的作用机制

对于碳排放配额尚有盈余的主体（一般是排放较低的企业），碳排放权交易亦能够激发一系列积极的效应，不仅能对企业的生产规模、生产技术以及生产策略产生深远影响，而且能推动整体碳排放量的减少。具体地，这种影响的传导机制包括创新效应、激励效应和追赶效应。

创新效应凸显了技术进步在降低企业能源消耗和减少碳排放方面的重要作用。这一效应源自技术创新，它推动了高效生产设备的广泛应用。当采用低能耗、高效率的生产工艺或设备时，企业能够以较低的成本实现显著的减排效果。这样的进步不仅有助于降低碳减排成本，还为企业创造了额外的可交易配额。企业可以通过碳交易市场将这些富余的配额转化为资金收入。这个过程形成了一个良性循环：技术创新带来技术进步，进而提高能效和降低成本，释放出可交易的配额资金，再驱动新一轮的技术创新。通过这一循环，企业能够不断地进行技术革新，并通过碳交易市场将技术进步转化为经济效益，从而激发企业持续进行技术创新的内在动力。进一步地，当企业将这些资金再投入技术研发中时，如式（2-28）所示，研发投入对技术进步的贡献程度（η）越大，企业减排成本的降低就越显著。这不仅降低了企业对碳配额市场价格的敏感度，增强了其议价能力，同时有助于进一步减少碳排放量。

激励效应体现在企业对研发投入的持续增长上，特别是将通过出售富余碳排放配额所获得的收入，更多地投入碳减排技术的革新或生产设备的升级中。这种资金的有效运用显著推动了企业在生产效率和减排技术方面的进步。具体来说，如式（2-28）所示，随着投入的增加，企业能够在技术研发上投入更多资金，从而不断降低减排成本。在初始配额不变的情况下，企业能够提供更多的配额用于市场交易。此外，当企业将更高比例的销售收入投入技术研发中（即 θ 越大）时，企业能够接受的碳排放配额底价也越低。这意味着，即使碳排放配额的市场价格下降，企业依然可以凭借其较低的边际减排成本，从配额销售中获得利润。这样的循环不仅增强了企业在碳排放交易中的竞争力，也形成了一个良性的激励机制。

追赶效应揭示了那些历史上碳排放量相对较低的企业所面临的潜在挑战。对于那些规模较小的企业，其边际减排成本较低的优势可能并非源自技术领先，而仅仅是因为规模较小。因此，这些企业需要具备前瞻性思维，积极加大技术研发投入，加快技术设备更新，以应对未来可能降低的碳排放限额和上升的减排成本所带来的不利影响。通过将更高比例的销售收入投入技术研发中，企业不仅能够缩小与行业领先者之间的差距，还能在提升产出水平的同时减少碳排放量。这种追赶效应促使企业不断自我革新，通过技术升级和效率优化，增强企业的市场竞争力，也为整个行业的技术进步和环境改善做出积极贡献，实现经济效益与环境责任的双赢。

六　碳排放权交易对社会经济的影响

碳排放权交易体系可能会对经济结构、能源结构、电源结构以及电网运营产生影响。

1. 碳排放权交易对经济结构的影响

碳排放权交易体系是建立在碳排放总量限额和配额分配的基础上，通过边际减排成本相对较高的参与者以相对较低的价格认购碳排放权，而边际减排成本相对较低的参与者会减少自身碳排放并以相对较高的价格出售碳排放权。依靠资源或能源密集投入的传统行业市场参与主体的边际减排成本较低，这类主体的碳排放量基数大，减排潜力较大，可通过加大节能减排投入，以较低的成本实现更多碳减排；而技术密集或资本密集型市场参与主体的边际减排成本较高，这类主体自身碳排放密度较低，进一步减排的空间有限，则会选择通过市场认购碳排放权，同样能够实现以较低的成本满足碳减排约束。在碳排放总量限额约束下，市场参与者面临不同程度的碳排放约束，随着时间的推移，资源或能源密集投入的传统行业市场参与主体的减排潜力逐渐减小，这类主体的边际减排成本将不断增大，若边际减排成本大于该类主体继续生产获利的临界值，则这类主体可能会选择离开这个行业或者转向受碳排放总量约束相对较小的行业。因此，长期来看，碳排放权交易体系将引导高排放参与主体向低排放行业转变，即在经济结构中表现为由高能耗的资源或能源密集型传统行业向低能耗的技术或资本密集型行业转变，在实现能源消耗降低的同时降低碳排放量。

2. 碳排放权交易对能源结构的影响

化石能源消耗是全球二氧化碳排放的主要来源，而碳排放权交易体系将能源消耗活动导致碳排放的外部性内化为能源消耗成本。因此，碳排放权交易体系最直接的影响即化石能源消费的成本增加。经济学理论认为，当某种正常商品的价格上涨时，该种商品自身的需求将减少，而替代品需求将增加。所以，当化石能源价格中包括碳排放成本时，化石能源价格将会上涨，导致该种化石能源需求减少，而替代性能源（比如非化石能源）

需求将增加，最终导致能源结构由化石能源向非化石能源（太阳能、风能、水能、核能等）转变，促进能源结构朝低碳和绿色方向转变。

3. 碳排放权交易对电源结构的影响

化石能源发电是电力的主要来源。尽管中国近年来可再生能源发电装机量迅速增长，但燃煤发电量比重仍接近 70%（2019 年）。在以传统化石能源火电为主的电源结构中，碳排放权交易机制带来能源需求结构变化，也将间接影响电源结构变化。由于能源价格中包含碳排放成本，传统化石能源发电成本对应上升，火力发电企业的经营成本上升，而在中国上网电价由政府制定，能源价格上涨所导致的发电成本价格上涨难以传递至终端消费电价。因此，依靠化石能源生产带来的电价较非化石能源的电价具有竞争弱势。长期来看，碳排放权交易体系将引导电源结构向碳排放较少的清洁能源发电结构转变。

4. 碳排放权交易对电网运营的影响

碳排放权交易体系导致的电源结构改变，还将给电网运营带来冲击。不同于其他能源能够长期储存，电力能源的特殊性在于其难以有效储存，因此电力生产和消费具有同步瞬时的特征，而承接电力生产和消费的电网持续稳定运行是保障电力正常供应的关键。不同能源产生的电力具有不同的特征，比如煤电、核电供应稳定性较强，而风电、光伏发电受不可控外力影响供电的稳定性和持续性较弱。此外，受中国较为特殊的能源供给和能源需求地域分布差异的影响，能源大多分布在中西部地区，而能源需求多集中于东部沿海地区，导致长距离、大容量输电成为维持能源生产和需求平衡的重要措施。碳排放权交易带来的能源结构由传统化石能源向清洁能源转变，必将对电网运营（比如清洁能源发电上网、电网调峰、电力调度等）产生一定的冲击。

整体而言，碳排放权交易在宏观、中观和微观层面的减排机制如图 2-3 所示。碳排放权交易通过创新效应、激励效应和追赶效应会激发配额富余企业进一步降低碳排放量，也会通过规模效应、惩罚效应和替代效应倒逼配额缺乏企业努力降低碳排放，同时通过市场交易机制使双方都能够以较低的成本完成碳排放目标。

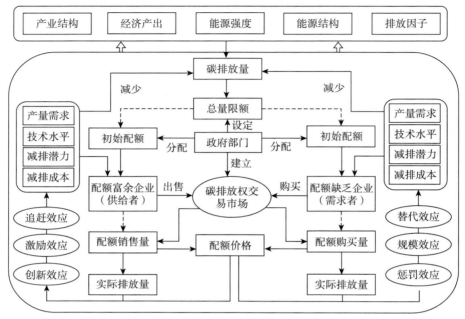

图 2-3　碳排放权交易市场的减排机制

　　此外，碳排放权交易市场是通过市场机制应对碳减排的市场激励型政策，最终目的是以低成本实现减排，具体指控制碳排放量的政策有效性和降低减排成本的经济有效性的有机统一。政策有效性，是指碳排放权交易市场能显著控制碳排放量及其增长速度。经济有效性，是指碳排放权交易市场能发挥对排放权资源的有效配置作用，使市场参与主体通过排放权交易以较低的成本完成碳排放目标。

　　政策有效性和经济有效性是碳排放权交易市场最终的作用表现，而与之相关的途径及评价指标较多。政策有效性表现为碳排放量得到有效控制甚至降低，降低碳排放强度，降低能源消费量，改善能源结构等。经济有效性则表现为企业增加减排相关研发投入（刘晔、张训常，2017），更加主动地履行减排责任，实现并促进减排技术及生产技术的创新发展，促进可再生能源技术创新（齐绍洲、张振源，2019），促进产业结构升级（谭静、张建华，2018），使碳减排成本显著下降，减小政策推行对经济的冲击，等等。

2.3 碳排放权交易体系和碳税的对比分析

碳税与碳排放权交易体系同属于碳定价范畴，其主要通过发挥价格信号作用，引导经济主体降低温室气体排放量，减少环境污染行为，推动经济社会绿色转型，同时形成一定的财政收入。国际社会普遍认同这两种机制对推动低碳经济发展、应对气候变化具有显著效果，但二者各有优劣。

依据外部性理论，碳税的显著优势主要体现在其依托比较规范的税收体制和坚实的法律框架，能有效降低政府的管理成本，同时也在国际税收协调，尤其是在进出口环节的协调上，降低了复杂性和难度。而且，在法律保障体系的支撑下，权力寻租和腐败的自由空间也比较小。此外，所有碳排放主体，无论是大型企业还是中小型企业，都很容易被纳入征税范围，因此，碳税的节能减排引导效应较之碳市场机制更为普遍。这种全面的征税策略不仅确保了政策的公平性，也增强了其整体影响力，有助于激发社会各界对减少温室气体排放和推动绿色低碳发展的广泛关注和参与积极性。

当然，碳税也存在一定的劣势。首先，碳税的开征需遵循一套严格的法律程序，这个过程可能会遭遇不小的阻力。此外，开征碳税会导致化石燃料价格即时上涨，进而增加工业企业的生产成本，尤其是对煤炭采选、天然气开采、电力、石油和钢铁等重工业领域的影响更为显著，可能会削弱这些产业及其产品的国际市场竞争力，全面影响经济运行并导致短期内GDP 迅速下降。其次，碳税的累退性质可能会加重低收入群体的税负，从而拉大不同地区和不同群体之间的经济差距。企业生产成本的上升可能会在短期内迅速转嫁至消费者，对居民生活产生一定影响。同时，碳税对减排效果的精确预期和规划存在难度，这可能导致减排总量的不确定性，给政策制定和经济预测带来挑战。

基于科斯定理，碳排放权交易体系也具有一定的优势，例如市场定价方式更加灵活。减排潜力大、减排成本低或者生产技术先进的企业可以加大减排力度，通过出售排放配额来获益。而减排潜力小、减排成本高或者生产技术落后的企业则通过购买排放配额控制自己的生产成本。这种机制在保证确定的环境效果下，使企业拥有较大的灵活性和自主空间，增强企业自主减排动力，有助于提高资源配置效率，激发市场活力。在社会公平方面，碳排放权交易体系在运行初期通常是将碳排放配额免费发放给企业，并不造成额外的成本负担，具有较弱的累退性，对低收入群体的负面影响较小。具有明确清晰的减排总量目标，并细化分解微观的数量化指标，促使各主体落实责任，有助于加大对高排放、高污染、高耗能大型企业的集中统一管控力度，促进新兴绿色产业发展。同时，碳排放权交易体系的劣势主要表现为：一方面，在变化的市场环境中，经济发展不确定性对碳排放权交易体系的影响较大，信息不对称也影响着企业减排预期和动力；另一方面，作为碳排放权交易体系的核心要素之一，配额分配不当容易导致权力寻租、利益输送等不良现象，破坏规范体系，降低运行效率。综上，可将碳税与碳排放权交易体系的优缺点对比总结为表2-1。

表2-1　碳税与碳排放权交易体系的优缺点对比

减排方式	优点	缺点
碳税	构成简单，征税成本较低	灵活性较差，立法存在阻力
	来源稳定，政府可将税收用于新技术投资	效果存在不确定性
	覆盖范围广	增加企业成本，拉大收入差距
碳排放权交易体系	直指减排总量，减排效果好	实施国存在产业外流风险
	程序相对简单、灵活，无须立法	信息不对称、监管成本较高
	能够吸引社会力量参与，资源配置效率高	有潜在的金融风险

第3章

碳排放权交易体系的建设进程和研究进展

3.1 碳排放权交易体系的建设进程

一 国际碳排放权交易体系建设进程

国际碳排放权交易体系可以划分为两大类型。一类是基于碳减排项目的交易机制，如清洁发展机制（Clean Development Mechanism，CDM）和联合履约机制（Joint Implementation，JI）。这种交易机制的基本思路是：A国向B国购买具有减排效益的项目，其所产生的减排量可用于抵消A国的排放量。其中，CDM项目产生的减排量称为"经核证的减排量"（Certified Emission Reduction，CER），JI项目产生的减排量称为"减排单位"（Emission Reduction Unit，ERU）。这两种机制的区别在于，CDM是《京都议定书》附件一国家与非附件一国家之间的合作机制，而JI是《京都议定书》附件一国家之间的合作机制（程志超等，2011）。

另一类是基于碳排放总量限额的配额交易（Cap-and-Trade）。在这类交易中，碳排放配额的购买者所购买的配额是在限额与交易机制下，由主管部门确定并通过有偿或免费的方式分配的（庄贵阳，2006）。《京都议定书》框架下的国际排放交易机制（International Emissions Trade，IET）就是指这种配额交易。其基本思路是：管理者首先会设置一个排放总量上限，在这个限额下，将排放量分配给受该体系约束的每个排放主体。在承诺期内，如果受该体系约束主体的排放量低于其被分配到的配额量，则该主体可以将多余的配额有偿转让给那些排放量高于自身配额的主体；反之，如果受该体系约束主体的排放量高于其被分配到的配额量，则必须到市场上购买配额以完成减排承诺，否则将会受到重罚（刘婧，2010）。

图 3-1 总结了目前全球碳排放权交易体系的几种主要类型。

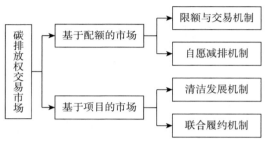

图 3-1　碳排放权交易体系类型

截至 2024 年 1 月，全球已有 36 个碳市场启动运行，另有 14 个司法管辖区（如印度、巴西、哥伦比亚等）正在建设碳市场，8 个司法管辖区（如智利、巴基斯坦、泰国、马来西亚等）正在考虑建立碳市场（ICAP，2024）。

由于篇幅有限，下文将重点介绍欧盟和北美地区几大主要的国际碳排放权交易体系。

（一）欧盟碳排放权交易体系

1. 基本概念

在世界碳排放配额市场的几个主要体系中，欧盟碳排放配额交易市场是在全球占主导地位的碳排放配额市场，其碳排放配额交易量和交易额居全球首位。2005 年 1 月 1 日，欧盟正式推出了碳排放交易体系（European Union Emission Trading Scheme，EU-ETS），标志着碳排放配额交易机制的正式启动。该体系的核心在于，政府设定一个特定时期内的碳排放总量上限，随后将这一总额度细分为若干个有限配额，并将这些配额作为碳排放权的象征分配给各排放企业。在这一体系下，如果企业在期末的实际排放量低于其分配到的配额，它们便有机会在碳交易市场上出售这些未用尽的额度。相反，对于那些实际排放量超出配额的企业，它们必须在碳市场上购买额外的额度以弥补差额。这一体系的本质在于将碳排放权转化为商品，通过市场机制促进碳排放权的有效和优化配置（李泉宝，2011）。

EU-ETS 根据《京都议定书》的原则，首先进行总量控制，确定欧盟的整体碳排放总额；进而在这个总量限定下，在每个交易阶段开始之前，要求所有成员国必须将本国的碳排放限额上报给 EU-ETS 委员会。各国政府进一步确定纳入碳排放权交易的排放实体（企业）名单，并将本国的碳排放配额——"欧盟排放许可"（EU Allowances，EUA）分配给所有参与碳排放权交易的实体。此外，各实体也可以用基于清洁发展机制项目获得的核证减排量来履行减排义务。

2. 发展阶段

EU-ETS 是世界上首个碳排放权限额交易体系，其建立之初，由于缺乏可参考的经验，只能在实践中不断改进和完善。欧盟委员会为 EU-ETS 设计了明晰的阶段性发展规划，确保总量设定与碳排放权分配机制所覆盖的成员国和行业范围，以及相应的分配标准等能随着实践的发展，做出适时适当的调整和优化。具体地，按照规划，EU-ETS 的发展可分为四个阶段。

第一阶段（2005~2007 年）是 EU-ETS 的试验性建设初期。这一阶段旨在建立交易机制的基础设施和管理制度等。为了构建并测试 EU-ETS 的制度合理性、有效性和完备性，欧盟通过试运行在实践中投石问路，不断摸索出碳排放权配额分配和交易中的规律，并发现其中存在的问题。在这一阶段，欧盟规定碳排放权限额可由各成员国自行设定，并无偿免费获取，最终约覆盖了 25 个成员国的 11500 家企业，其碳排放量约占欧盟总排放量的一半（何少琛，2016）。EU-ETS 运行第一年，交易量超过 360 万吨二氧化碳当量，交易额超过 70 亿欧元。随后交易规模迅速扩大，并发展为全球最具参考性的碳排放权限额交易体系。EU-ETS 纳入的行业多为能耗较高、碳排放量较大的传统重工业。其中，电力和供热部门占主导（配额占比约为 53%），其余还有钢铁、水泥和石灰、炼油等部门。从实践经验来看，EU-ETS 第一阶段的运行存在碳排放配额发放过量、效率不高与不公平等制度设计缺陷，所以不可避免地导致市场交易体系失灵。

第二阶段（2008~2012 年）属于 EU-ETS 建设和运行的过渡期。在这一阶段，欧盟吸取了 EU-ETS 第一阶段的经验教训，积极进行制度创新，快速改进和完善 EU-ETS，同时也纳入了更多的国家和行业[①]。例如，在第一阶段，欧盟规定碳排放配额不可存储，也不可跨期交易，这导致减排企业在履约节点大量抛售，导致碳价格迅速下跌。因此，第二阶段增设了碳排放配额存储和跨期使用规则，企业可以根据自身情况选择进行额外碳减排，本期未使用的配额可以留到下一履约期继续进行抵消或交易。同时，这一阶段也是欧盟各成员国实现在《京都协议书》中全面减排承诺的关键期，EUA 分配总量下降了 6.5%。根据欧盟委员会发布的关于欧盟碳排放交易体系（EU-ETS）的报告，EU-ETS 所涵盖的碳排放权交易量在 2005~2012 年实现了大幅增长，从 9400 万吨增至 79 亿吨（European Union，2016）。不过，受到 2008 年国际金融危机以及欧洲主权债务危机的打击，能源相关行业产量下降，碳排放量也减少，因而对 EUA 的需求减少，导致碳价格一度下跌。另外，这一阶段仍然存在配额供给过多的问题。

第三阶段（2013~2020 年），EU-ETS 进入发展与改革的关键期。欧盟针对此前暴露的问题，对碳排放配额的总量设定和分配方式做出革新，具体措施包括：①制定统一的碳排放上限，但这一上限并非固定而是每年减少 1.74%；②逐渐调低配额免费发放比例，取而代之以拍卖的形式发放配额，并提出"到 2020 年，EU-ETS 的拍卖配额要达到总体的 60%，其中能源行业要求完全进行配额拍卖，工业和热力行业拍卖配额的比例从 2013 年的 20% 逐步提高到 2020 年的 70%"；③排放量超出限额的企业若想增加配额，不仅可以从欧盟碳排放交易市场上购买其他主体的配额，还可以购买由 CDM 产生的 CER 等其他碳金融产品（熊灵、齐绍洲，2012；荆克迪，2014）。

第四阶段（2021~2028 年），EU-ETS 进入长期发展阶段。根据规划，在这一阶段，欧盟将进一步修改 EU-ETS 立法，推动碳排放权交易体系的完善。2018 年 2 月 6 日，欧盟委员会通过了要求更加严格的修改方案，预

---

① 成员国增加了冰岛、挪威和列支敦士登，行业增加了航空业。

计到 2027 年，将完全取消免费配额，并且从此以后，碳交易步入常态。

3. EU-ETS 中减排总量的确定方式

《京都议定书》规定以降低碳排放总量为衡量标准进行减排，欧盟对此做出承诺，并以此为基础，确定各成员国应承担的减排任务。2008 年，欧盟提出了一系列具有法律约束力的可再生能源和能效战略目标（"20 - 20 - 20"① ）。为了保障总体目标的实现，欧盟设立了两个规制框架——EU-ETS 与努力分享决定（Effort Sharing Decision，ESD），并将碳减排量的总体目标重新划分为 EU-ETS 和 ESD 分别需要完成的两个部分。这两个规制框架下的减排负担有所不同。其中，不参与碳排放权交易的行业属于 ESD 管理的部分，到 2020 年，该部分的碳排放总量需要比 2005 年减少 10%；而参与碳排放权交易的行业属于 EU-ETS 管理的部分，其碳排放总量到 2020 年要比 2005 年减少 21%。这一减排目标在 2020 年后还将进一步提高。

4. EU-ETS 中各成员国减排总量目标的确定方式

EU-ETS 的跨国、跨区域特征使其参与减排和交易的主体是以国家为单位的。因此，需要在确定整个欧盟减排总体目标的基础上，把总体减排目标合理分解为多个小的减排目标，并将对应的碳排放配额分配给各成员国。2005～2012 年，即 EU-ETS 实施的前两个阶段，各排放主体的减排目标和碳排放权的分配采取了"自下而上"的模式，即欧盟委员会根据《京都议定书》的减排承诺先确定总体减排目标，继而让成员国根据国情自主决定本国的减排目标。

在第一阶段，欧盟委员会所掌握的各成员国的碳排放数据并不充足，导致各国在欧盟减排标准内拥有较大的自由度。各成员国在确定本国的碳排放总量时，也并未完全执行欧盟委员会设计的碳排放权分配方案。大部分成员国是基于本国国情，确定与本国经济发展和社会环境改善相适应的排放目标及碳交易的覆盖范围。尽管各成员国没有明确的排放上限，但欧

---

① 　即到 2020 年，温室气体排放量在 1990 年基础上减少 20%；可再生能源占一次能源消费总量的比例在 2006 年的基础（8.2%）上提高到 20%；能源利用效率在 2006 年的基础上提高 20%。

盟委员会规定了各成员国的碳排放量上限之和不能超出欧盟的碳排放总量目标。若有成员国的排放目标超出或违背欧盟的标准，则其提交的计划会被强行退回修改。各成员国只有在其减排计划通过审核后，才能获得欧盟委员会分配的碳排放配额。但是，该阶段缺乏有力的监管和约束，加之分配给各国的碳排放配额超出实际减排潜力，导致履约期末价格暴跌直至崩溃。

基于第一阶段的经验教训，从第二阶段开始，EU-ETS虽然仍沿用第一阶段的总量确定模式，由各成员国自主上报排放目标，但欧盟委员会增强了对各成员国碳排放上限的约束。例如，第二阶段初始，有10个成员国提交的碳排放权配额方案未通过委员会的审核。其中，德国的碳排放目标被削减了6%，拉脱维亚被削减了56%，等等。考虑到各成员国经济发展水平和结构的差异，欧盟委员会对各国的减排义务要求并不一样。例如，2008~2012年，葡萄牙的碳排放量可以比1990年增加27%，但卢森堡的碳排放量却要降低28%。

表3-1比较了欧盟委员会在EU-ETS前两个阶段给各成员国的碳排放配额情况。在这期间，尽管碳排放权交易体系在一定程度上发挥了控排的作用，但总体来看，碳排放配额大于实际的排放量。

表3-1　欧盟碳市场第一、第二阶段各成员国的碳排放配额对比情况

国家	受控设施数（个）	《京都议定书》中相比1990年的减排目标（%）	2005~2007年碳排放配额（百万吨CO_2当量）	2005年实际碳排放量（百万吨CO_2当量）	2005年碳排放配额与实际排放量之差（百万吨CO_2当量）	2008~2012年碳排放配额（百万吨CO_2当量）
卢森堡	19	−28	3.4	2.6	0.8	2.5
希腊	141	−25	74.4	71.3	3.1	69.1
德国	1849	−21	499	474	25	453.1
丹麦	378	−21	33.5	26.5	7	24.5
西班牙	819	−15	174.4	182.9	−8.5	152.3
奥地利	205	−13	33	33.4	−0.4	30.7
英国	1078	−12.5	245.3	242.4	2.9	246.2

续表

国家	受控设施数（个）	《京都议定书》中相比1990年的减排目标（%）	2005~2007年碳排放配额（百万吨CO₂当量）	2005年实际碳排放量（百万吨CO₂当量）	2005年碳排放配额与实际排放量之差（百万吨CO₂当量）	2008~2012年碳排放配额（百万吨CO₂当量）
立陶宛	93	−8	12.3	6.6	5.7	8.8
拉脱维亚	95	−8	4.6	2.9	1.7	3.43
爱沙尼亚	43	−8	19	12.6	6.4	12.7
捷克	435	−8	97.5	82.5	15.0	86.8
斯洛伐克	209	−8	30.5	25.2	5.3	30.9
斯洛文尼亚	98	−8	8.8	8.7	0.1	8.3
比利时	365	−7.5	62.1	55.58	6.52	58.5
意大利	1240	−6.5	223.1	225.5	−2.4	195.8
匈牙利	261	−6	31.3	26	5.3	26.9
荷兰	333	−6	95.3	80.35	14.95	85.8
波兰	1166	−6	239.1	203.1	36	208.5
芬兰	535	0	45.5	33.1	12.4	37.6
法国	1172	0	156.5	131.3	25.2	132.8
瑞典	499	4	22.9	19.3	3.6	22.8
爱尔兰	143	13	22.3	22.4	−0.1	22.3
葡萄牙	239	27	38.9	36.4	2.5	34.8
保加利亚	−	20	42.3	40.6	1.7	42.3
马耳他	2	未受限	2.9	1.98	0.92	2.1
赛普路斯	13	未受限	5.7	5.1	0.6	5.48
罗马尼亚	—	—	74.8	70.8	4	75.9
合计			2298.4	2123.11	175.29	2080.91

资料来源：拉巴特和怀特（2010）。

5. EU-ETS 中各成员国向企业分配碳排放配额的方式

各成员国获得配额后，还要向被覆盖行业下的企业分发配额。虽然理论上如果不存在交易成本，分配方式不影响最终的市场均衡价格，但企业参与 ETS 的经济成本和 ETS 的减排绩效，都受配额分配方式的影响。目前国际通用的碳排放配额分配方式主要是免费发放或"免费+有偿"（如拍卖）的分配方式。

（1）免费发放碳排放配额

免费发放碳排放配额使企业不用花费成本便可获得初始碳排放权，并作为资产进行交易。欧盟为了更好地推行碳交易，在前两个阶段采取免费发放为主的分配方式。在第一阶段，欧盟委员会规定95%的碳排放配额免费发放，但由于各国自主决定本国的分配方案，故实际免费发放的碳排放配额占总数的99%；第二阶段规定免费发放的碳排放配额占比为90%，但实际免费发放的碳排放配额仍然超出计划，占总量的97%。免费发放尽管对控排企业的冲击较小，但也减弱了减排的约束力，同时容易导致碳交易市场供求失衡。

免费发放碳排放配额的一个难点在于如何确定每个企业应获得的配额量。目前常用的分配原则有两种：基于历史排放水平的"祖父制"（Grandfathering）、基于标准排放率的"基准制"（Benchmarking）。"祖父制"一般以强制减排企业的历史碳排放数据为基础，企业获得的碳排放配额等于全国碳排放配额总量乘以其历史碳排放量占全国碳排放总量的比重。这种方法成本较小、执行较便利，且有利于保证代际分配的一致性，但是其改善企业碳排放现状的激励不足，甚至可能会导致高能耗、高排放的企业获得更多的碳排放配额，对企业提高能效激励不足。

"基准制"一般以被碳排放权交易体系覆盖的各个行业的平均碳排放水平为基础，每个企业获得的免费碳排放配额是基于其所在行业的平均碳排放水平，根据该行业减排目标中规定的减排比重进行加权后所得。[①] "基准制"的主要优势在于能避免历史碳排放较多的企业反而获得更多配额的负激励问题。理想状态下，碳强度较低（即效率较高）的企业可以获得更多配额，从而通过出售碳排放配额提高收入。反之，碳强度较高（即效率较低）的企业则会为了获得更多配额而努力提高效率、降低碳排放。

但是，"基准制"比"祖父制"的实施难度大，这主要是因为测算各行业碳排放量的技术难度较高。所以，"基准制"在EU-ETS发展初期被欧盟成员国采纳得较少，或只在局部范围推广。另外，由于很多新纳入EU-

---

① 一种分配方法是：将各个行业中碳排放效率排在前10%的企业的排放量作为行业标准，对那些新进入的减排企业，则根据其所在行业的排放标准获取免费碳排放配额。

ETS 参与控排和交易的企业没有具体的历史碳排放数据，所以"基准制"作为"祖父制"的补充发挥了重要作用。

（2）免费发放碳排放配额与拍卖碳排放配额混合使用

EU-ETS 第一阶段的运行暴露了免费发放碳排放配额的一些弊端。其中最主要的问题是，企业通常为了获得更多的碳排放配额而夸大其当期的碳排放量。政府为了维护本国企业的利益也予以默许，最终导致碳排放配额发放过量，对企业减排的激励不足、约束力减弱，碳交易市场的减排机制失灵。此外，由于各行业生产特征和市场结构不同，免费发放碳排放配额也存在一定的公平性问题。例如，碳排放权交易机制显然提高了企业的边际生产成本，这对于垄断企业来说，可以直接将新增的边际生产成本体现到价格中，甚至能够借此获得"额外利润"（如英国和西班牙的能源部门）；但对于正常竞争型企业来说，新增的成本很难直接快速地转嫁给消费者，于是企业面临着"双重损失"（如水泥、化工等行业）。

拍卖可以在一定程度上缓解免费发放碳排放配额所产生的问题，尤其是能带来"双重红利"：政府通过拍卖碳排放配额可以获得收入，并将收入以减税或补贴等形式，用于缓解碳排放权交易机制对低收入群体可能造成的不公平问题；或者将收入用于推进低碳技术的研发和运用，加快低碳转型。根据欧盟委员会规定，在 EU-ETS 第一阶段，只有丹麦、匈牙利、立陶宛和爱尔兰四个国家采用了拍卖方式，且这四国拍卖的碳排放配额占比也分别仅为 5.0%、2.5%、1.5% 和 0.75%；即便到了第二阶段，用于拍卖的碳排放配额占比也没超过 10%（李泉宝，2011）。随着机制的不断完善，EU-ETS 用于拍卖的配额比例逐年上升。到 2013 年，超过 40% 的碳排放配额采用了拍卖分配方式。2013~2020 年，拍卖分配的碳排放配额占比达到了一半。

6. EU-ETS 的交易标的与交易场所

（1）交易标的

当前，EU-ETS 现货交易市场中的交易标的主要有 EUA 和 CER 两种。EUA 是欧盟碳排放权交易体系中具有强制性的减排指标，是基于配额的交易；CER 是 CDM 执行理事会根据 CDM 项目签发的可抵消碳排放的单位，是基于项目的交易。

在以 EUA 和 CER 为主的碳排放权现货交易基础上，欧盟也逐渐开发出一些碳金融产品，包括碳排放配额远期交易、碳排放配额期权交易、碳排放配额期货交易等。例如，2005 年，欧盟推出了能在交易所公开竞价交易的碳排放权期货产品；2007 年，基于 CER 开发的期货产品上市；2008 年，与 EUA 和 CER 相关的碳排放权期权产品也开始交易。碳排放权金融衍生品的出现，一方面增强了碳交易的流动性，另一方面由于其离不开金融工具规避风险、套期保值的本质，所以因加杠杆也增加了市场风险。表 3-2 比较了 EUA 与 CER 的异同。

表 3-2　欧盟碳市场的交易标的（EUA 与 CER）比较

项目	EUA	CER
含义	欧盟委员会分配的碳排放配额	经核证可用于抵消 EUA 的碳排放额
标准	有统一的标准	因项目而不同
风险	较低	较高
价格	价格统一	因项目而存在价格差异

资料来源：笔者整理。

（2）交易场所

作为碳排放权交易体系主要基础设施之一，目前 EU-ETS 的场内交易主要集中在以下四大交易所：欧洲气候交易所（European Climate Exchange，ECX）、北欧路德普尔电力交易所（Nord Pool）、布鲁奈斯特环境交易所（BlueNext）和欧洲能源交易所（European Energy Exchange，EEX）。其中，ECX 的碳交易最为活跃且所占市场份额最大，其场内金融产品交易额占整个欧洲的八成以上，其次是 Nord Pool、BlueNext，EEX 的交易量最少。在这些交易所中，只有 ECX 是强制的碳排放交易中心，其余均为自愿的。作为 EU-ETS 最核心的交易所，ECX 的价格和交易量代表着欧盟碳排放权交易市场的运行状况。

（二）北美碳排放权交易体系

1. 区域温室气体倡议

（1）总体概况

区域温室气体倡议（Regional Greenhouse Gas Initiative，RGGI）是美国

第一个碳排放权限额交易体系。该倡议于 2009 年启动，由美国东北部和大西洋中部的 10 个州共同签署建立并联合运行，包括缅因州、佛蒙特州、新罕布什尔州、马萨诸塞州、罗得岛州、康涅狄格州、马里兰州、纽约州、特拉华州、新泽西州（2019 年通过碳排放权交易体系立法，2020 年重新加入 RGGI）。

RGGI 的覆盖范围只有电力行业，最初仅纳入区域内 2005 年后装机容量大于 25 兆瓦，且化石燃料在其能源消费总量中占比超过一半的发电企业（约 160 家）。RGGI 设定的总量目标是控排企业的碳排放量较 2009 年每年减少 10%，到 2018 年，所有控排企业的碳排放量控制在 17 亿吨二氧化碳当量以内。RGGI 的减排计划分阶段进行，以三年为一个独立的履约控制期。2009 年 1 月 1 日至 2011 年 12 月 31 日为第一个履约期，以此类推。前两个履约期中，各成员州的排放额度稳定不变，从第三个履约期开始（2015 年 1 月 1 日），各州的排放额度每年减少 2.5%。第三个履约期结束时（2017 年 12 月 31 日），各州的排放额度累计降低 10%。

（2）解决市场失灵问题：总量设定与配套调控机制

受技术进步和能源价格变化等因素影响，RGGI 控排企业的碳排放量在履约期内曾出现大幅下降。2009～2013 年，控排企业的碳排放量分别比其年度初始配额总量低了 35%、28%、37%、51% 和 54%。第一阶段的配额拍卖总量为 5.03 亿吨，但实际只拍出 3.93 亿吨。2010～2012 年连续十次拍卖，均以最低价格成交。二级市场的交易也出现疲软现象，2009 年的交易占比达 85%，到 2011 年，该占比只有 6%（吴大磊等，2016）。RGGI 的碳排放配额供给远大于需求，导致市场价格的调节机制失灵，碳价长期低迷，且市场活跃度较低。

针对以上问题，2013 年，RGGI 通过修订碳排放权交易体系的模范规则，对初始碳排放配额总量的设定加以动态调整。2014 年，将原来的 1.6 亿吨碳排放配额，大幅削减至 0.91 亿吨，相比 2013 年下降了约 45%（吴大磊等，2016）；2015～2020 年，配额总量预算每年下调 2.5%。通过对初始碳排放配额的调整，保证碳交易价格在安全阈值内浮动，提高市场流动性和效率，降低价格波动风险。

除了总量调整，RGGI 还制定了一系列配套的调节机制以起到调控和稳定碳市场的作用，包括清除储备配额、建立成本控制储备机制、设置过渡履约控制期等。清除储备配额是以当期的总配额量确定为前提，每年的配额量扣减一部分前一期盈余的储备配额。具体操作方法为：将首个履约期的储备配额七等分，2014～2020 年这七年，每年配额总量分别扣除七份中的一份，在此基础上，各州按其在总配额中所分配到的比重，确定各自的年扣减量；第二个履约期储备配额的处理方式同理，只不过将其六等分，并把每份分别在 2015～2020 年这六年中进行扣减。2015～2020 年每年的配额总量在扣减储备配额之后，比之前下降了 24%～28%（吴大磊等，2016）。

建立成本控制储备（Cost Control Reserve，CCR）机制的主要目的是避免拍卖价格过高。当价格大幅上涨并达到预计的"CCR 触发价格"时，就会有新增加的拍卖配额进入市场，从而降低拍卖价格。在设计上，CCR 触发价格每年都有一定的涨幅，预计 2020 年将增长至 10.75 美元。新进入市场的 CCR 数量也有一定限制。由于 2014 年开始紧缩配额总量，所以配额的拍卖价格显著上涨，2014 年便达到 CCR 触发价格。

过渡履约控制期于 2015 年引入，期限为每个履约期的前两年，主要是为了防止参与的控排企业在履约期内借破产等理由逃避责任。具体做法是：企业不再在三年的履约控制期结束后履约，而是在履约期的前两年持有该履约控制期内总配额量的 50%，在第三年的 3 月 1 日，要求清算这 50% 的配额，最后在当期结束时清算全部配额（牛晋东、苏旭东，2019）。

此外，RGGI 允许以基于项目的非电力行业温室气体减排量 CER 抵消超额排放量。但可抵消的量是有限制的：每一履约期内，RGGI 允许的可抵消量只占配额总量的 3.3%。

（3）以拍卖方式分配配额

RGGI 内几乎所有的碳排放配额都通过拍卖形式分配。具体地，RGGI 以统一价格、单轮密封投标和公开形式进行拍卖，结算价格通常避开最高价格，各成员州季度拍卖配额的数量取决于其持有的配额。RGGI 市场参与拍卖的主体十分多样，除域内必须强制减排的公司外，对个人、环保组织等非营利性机构、其他碳交易市场主体、外国公司等都没有过多管制。为防止某些企业或机构操纵价格、阻碍公平竞争，RGGI 规定任何一个参与拍卖的主体，在单次拍卖会上购买的碳排放配额最多只能占到拍卖总量的 25%。

首次碳排放配额拍卖的底价以国际金融公司（International Finance Corporation，IFC）国际模型中配额价格的 80% 为依据，设定为 1.86 美元，之后，拍卖的底价以消费者价格指数为基础进行动态调整（段茂盛等，2018）。为减少行政费用和招标成本，RGGI 规定以 1000 个配额作为一个计量单位。在拍卖频率的设计上，RGGI 兼顾了碳市场的流动性与企业的时间和经济成本，按季度举办拍卖会。这样，既可以通过价格的变化及时反映碳交易市场的供求，又不会因拍卖过于频繁而浪费参拍主体的资源，加重其成本压力。

RGGI 的拍卖程序和针对拍卖的监管机制也对充分维护碳市场的有效运行发挥了重要作用。在拍卖程序方面，根据 RGGI 的规定，投标人首先需要在 RGGI 开发的碳排放配额追踪系统（CO$_2$ Allowance Tracking System，COATS）中创建账户，并提交一系列申请文件，包括资质申请书、投标申请书以及金融安全保证书。只有当所有参与州一致批准了投标人的资格申请后，投标人方可正式参与拍卖活动。此外，RGGI 让 World Energy Solutions 公司负责在拍卖平台上组织配额拍卖，确保拍卖流程顺利进行；同时，由纽约梅隆银行（The Bank of New York Mellon）提供专业的拍卖结算服务，确保配额转让程序的顺利进行。在拍卖监督方面，虽然 RGGI 的所有成员州都保留了对碳市场的监督权，但实际的监管工作是由第三方机构 Potomac Economics 承担的。该机构在 RGGI 的明确授权下，对一级市场的拍卖活动进行合规性监管，并对二级碳交易市场进行监督，调查并打击任何操纵碳价或扰乱市场公平竞争的不当行为。此外，Potomac Economics 还负责核查和评估 World Energy Solutions 公司的拍卖管理工作，并定期向各成员州报告调查结果，以确保拍卖过程公正透明。通过这一系列的措施，RGGI 致力于维护一个健康、有序的碳排放权交易市场（吴大磊等，2016）。

（4）RGGI 的监管机制

根据《清洁空气法》的要求，RGGI 覆盖的减排企业都要安装连续监测污染物排放的系统（Continuous Emissions Monitoring System，CEMS），用于监测各单位包括温室气体在内的排放数据。RGGI 要求控排企业按季度将 CEMS 监测的电子数据上报给美国环保署的清洁空气市场部。各州环境监管部门负责一一评估各企业报告，及时了解每个电厂的配额分配与转让情况，及时对企业的碳排放与碳交易进行核证与审查。这样，既能使各企业接受监督，又能根据数据及时发现并解决问题，还能避免因问题堆积到年末而产生过重的行政负担。

2. 西部气候倡议和加州总量控制与交易体系

作为一个区域性气候变化应对组织，西部气候倡议（Western Climate Initiative，WCI）成立于 2007 年 2 月。成员曾包括美国西部 7 个州（加利福尼亚州、亚利桑那州、新墨西哥州、俄勒冈州、华盛顿州、蒙大拿州和犹他州）和加拿大中西部 4 个省（安大略省、曼尼托巴省、不列颠哥伦比亚省和魁北克省）。2018 年 5 月，加拿大新斯科舍省加入 WCI。2018 年 7 月，加拿大安大略省撤销了限额交易规则，禁止所有排放配额交易。WCI 的主旨是借助州、省联合的力量，建立包括多个行业的综合性独立碳排放权交易系统。在减排方式的选择上，WCI 主要强调运用市场机制，并基于配额和项目来达到有效减排的目标（陈波、刘铮，2010）。

WCI 的总体目标是，到 2020 年该区域内的温室气体排放量相比 2005 年减少 15%。这一计划于 2008 年提出，2009~2010 年是计划具体内容的磋商阶段；2011 年起每个成员开始上报上一年度的碳排放量；2012 年项目正式实施，并分阶段渐进式开展、逐步深入，以 3 年为一个履约期，适时根据因产量变动而产生的排放量变化进行调整，初期主要针对发电行业和大型工业企业。2015 年，WCI 步入全面推广阶段，燃料交通部门、商业和居民部门以及一些小型工业企业也纳入 WCI 体系，涵盖了区域内约 90% 的温室气体排放量。WCI 采用区域限额与交易（Cap-and-Trade）机制，对区域内纳入控排的参与主体的减排行动具有强制性。各州/省政府先为每个行业或排放单位确立一个明确的温室气体排放额作为上限，这代表了碳排放额度的排放许可，以在二级市场上以拍卖或无偿的方式进行交易。

WCI 各成员在限额与交易机制下，碳预算已规划到 2020 年。但是，在 WCI 碳排放总规划的限额内，各主体可以在区域内根据自身需求，通过交易重新分配配额。WCI 规定，在初次分配时，拍卖额占比至少为 10%，2020 年不能低于 25%。通过拍卖碳排放限额得来的利润，一部分会被 WCI 用于发展区域内部节能减排、提高能效、环保技术创新等公益事业。此外，WCI 还强调配额并不附带产权，仅是政府向控排单位颁发的排放许可证。在二级市场交易这些碳配额或在某些情况下购买其他区域的剩余配额，都在 WCI 体系的允许范围内。WCI 吸取了欧盟 ETS 和 RGGI 的经验教训，为了防止碳配额分配过剩，严格对体系内总额度的上限加以限制。同时，WCI 还特别注意成本控制，建立灵活的市场机制和专门的监督机构。此外，WCI 还构建了碳抵消机制，允许企业通过参与或投资环境友好型项目来抵消一部分碳排放，但碳抵消额度的限制也十分严格。特别地，《京都议定书》框架下的 CDM 项目产生的减排量没有获得 WCI 许可，不能用于抵消或交易。

加州总量控制与交易体系（California Cap-and-Trade，CA-CAT）是 WCI 体系中最重要的组成部分。这一体系基于加州的《AB32 法案》，通过立法的形式确立了加州的减排目标和减排策略，具有很强的强制性。法案规定，到 2020 年，加州域内的温室气体排放量要减少到 1990 年的水平，所涉及的温室气体包括 6 种国际公认的温室气体——二氧化碳（CO_2）、甲烷（CH_4）、氧化亚氮（N_2O）、氢氟碳化物（HFCs）、全氟化碳（PFCs）、六氟化硫（SF_6），以及其他一些氟化产品（温岩等，2013）。在 CA-CAT 运行初期，大型工业设施的配额以免费发放为主，第一年的配额量取决于其历史碳排放数据，实际所得配额为上一年排放量的 90%。此后，通过跟踪测量各个实体单位的能源使用状况，得出能效或减排基准，以此为标杆，结合各单位的实际产量，确定每年分配额度。同时，随着市场的不断完善和稳定运行，CA-CAT 逐步过渡到拍卖分配模式。但是对电力行业中的电力输送部门，仍然给予免费配额。在 CA-CAT 中，总额度的 4% 被留作调控配额价格的储备量。CA-CAT 也允许基于项目的核证减排量抵消机制，但各单位用于抵消的额度不能超过其排放量的 8%。

二 我国碳排放权交易体系建设进程

(一) 我国碳排放权交易体系基本情况

1. 我国碳排放权交易体系发展相关政策

我国的碳排放权交易体系建设起步于"十二五"时期。从"十二五"规划纲要，到党的十八大历次会议决议，再到党的十九大报告，政府对建立中国碳排放权交易体系做出了重要指示和部署，并且对碳排放权限额交易体系建设的重视程度也不断提升。在碳排放权交易体系建立初期，往往需要政府进行一定程度的行政干预，对碳交易市场进行引导、监督和推动，这有利于减弱碳排放权交易体系建立过程中存在的盲目性和局限性。

2010年10月，国务院发布《关于加快培育和发展战略性新兴产业的决定》（国发〔2010〕32号），第一次明确提出我国要建立和完善主要污染物和碳排放交易制度。

2011年3月，《中华人民共和国国民经济和社会发展第十二个五年规划纲要》再次指出要"建立完善温室气体排放统计核算制度，逐步建立碳排放交易市场"。

2011年10月，国家发展改革委办公厅发布《关于开展碳排放权交易试点工作的通知》（发改办气候〔2011〕2601号），提出率先在两省五市（湖北省、广东省、北京市、上海市、天津市、重庆市和深圳市）开展碳排放权限额交易试点工作，标志着中国碳排放权交易体系（试点）建设工作正式启动。

2011年12月，国务院印发《"十二五"控制温室气体排放工作方案》（国发〔2011〕41号），强调建立碳排放权交易体系，开展碳排放权交易试点，逐步形成区域碳排放交易体系。

2012年6月国家发展改革委印发《温室气体自愿减排交易管理暂行办法》（发改气候〔2012〕1668号），同年10月国家发展改革委办公厅印发《温室气体自愿减排项目审定与核证指南》（发改办气候〔2012〕2862号），对中国核证的减排量交易进行系统规范，明确了CCER的交易框架。

2012年11月，党的十八大报告继续强调了"积极开展碳排放权交易试点工作"的必要性。

2013 年 11 月，党的十八届三中全会通过《中共中央关于全面深化改革若干重大问题的决定》，全国碳排放权限额交易市场建设被列入"全面深化改革"重点任务之一。

2014 年 12 月，为落实党的十八届三中全会决议对碳排放权交易体系的建设要求，国家发展改革委颁布《碳排放权交易管理暂行办法》（国家发展和改革委员会令第 17 号），明确了中国碳排放权交易市场的基本框架，规范了碳排放权交易市场的建设和运行。

2015 年 9 月，习近平主席在《中美元首气候变化联合声明》中提出，中国将于 2017 年启动全国碳排放交易体系，预计运行初期，将覆盖钢铁、电力、化工、建材、造纸和有色金属几大高能耗、高排放的重点工业行业。

2015 年 12 月，习近平主席在巴黎气候大会上，重申中国将通过建立全国碳排放权交易市场，积极参与应对气候变化。

2016 年 1 月，为确保 2017 年能够启动全国碳排放交易，国家发展改革委办公厅印发《关于切实做好全国碳排放权交易市场启动重点工作的通知》（发改办气候〔2016〕57 号），积极推进全国碳排放权交易市场建设。

2016 年 4 月，中国代表团在纽约联合国总部签署《巴黎协定》，承诺中国将积极做好国内的温室气体减排工作，加强应对气候变化的国际合作。

2016 年 8 月，中国人民银行、财政部、国家发展改革委等七部门联合印发《关于构建绿色金融体系的指导意见》（银发〔2016〕228 号），确立了支持绿色经济转型和发展的绿色金融体系，强调要发展绿色信贷、绿色债券、绿色发展基金、绿色保险、碳金融等各类碳金融产品，促进全国碳排放权交易市场建设，并争取形成有国际影响力的碳定价中心。

2016 年 10 月，国务院印发《"十三五"控制温室气体排放工作方案》（国发〔2016〕61 号），明确提出要在"十三五"期间，建立和启动运行全国碳排放权交易市场，建立全国碳排放权交易制度，出台《碳排放权交易管理条例》及有关实施细则，在现有碳排放权交易试点交易机构和温室气体自愿减排交易机构基础上，2017 年启动全国碳排放权交易市场。该方案还强调，到 2020 年，碳强度要比 2015 年下降 18%，碳排放总量得到有效控制。

2017 年 6 月，国家发展改革委印发《"十三五"控制温室气体排放工作方案部门分工》，对控制温室气体排放进行了具体部署和分工安排。

2017 年 12 月，国家发展改革委宣布全国碳排放权限额交易市场正式启动建设，同时印发《全国碳排放权交易市场建设方案（发电行业）》，率先在电力行业启动全国碳排放权交易市场。

2019 年 1 月，生态环境部办公厅发布《关于做好 2018 年度碳排放报告与核查及排放监测计划制定工作的通知》（环办气候函〔2019〕71 号），针对石化、化工、建材、钢铁、有色、造纸、电力、航空八大行业 2018 年的碳排放报告与核查及排放监测计划制定工作，要求各地于 2019 年 3 月31 日前完成温室气体核算与报告，并于 2019 年 5 月 31 日前完成核查、复核与报送。该通知对完善配额分配方法夯实了数据基础，是后续配额分配方案出台的科学依据。

2019 年 4 月，生态环境部法规与标准司发布《碳排放权交易管理暂行条例（征求意见稿）》。该条例作为部门行政法规，被视作中国碳市场建设的立法保障，对所有相关交易主体存在法律约束，是保障碳市场运行的重要基础，也是全国碳市场制度建设的重要进展。该条例已于 2024 年 1 月 25 日正式颁布。

2019 年 5 月，生态环境部办公厅发布《关于做好全国碳排放权交易市场发电行业重点排放单位名单和相关材料报送工作的通知》（环办气候函〔2019〕528 号），为配额分配、系统开户与市场测试运行做好前期准备。此次发电行业重点排放单位报送范围为发电行业在 2013～2018 年任一年温室气体排放量达到 2.6 万吨 CO_2 当量（综合能源消费量约 1 万吨标准煤）及以上的企业或者其他经济组织，也包括满足条件的自备电厂。

2019 年 9 月，生态环境部发布《2019 年发电行业重点排放单位（含自备电厂、热电联产）二氧化碳排放配额分配实施方案（试算版）》，提出了两套基于行业基准制的碳排放配额初始分配方案，其中，对行业基准值的设置存在差异。两套方案均要求，以 2018 年供电量作为计算配额的基础，按照机组 2018 年供电量（MWh）的 70% 乘以相关的系数，计算出 2019 年机组预分配的配额量。最终配额实际分配量将根据 2019 年实际发电量进行事后调整，多退少补。

2019 年 12 月，财政部印发《碳排放权交易有关会计处理暂行规定》（财会〔2019〕22 号），为碳交易有关会计处理提供了规范和参考。该规定对碳排放重点企业实际账务处理具有很强的指导性，为全国碳市场的建设提供了制度规范，增强了碳会计信息的准确性与可比性，方便利益相关方对会计信息的使用。

2020 年 12 月，生态环境部发布《碳排放权交易管理办法（试行）》（生态环境部令第 19 号），规定了碳排放配额的分配、登记、交易以及监督管理的机制，并明确重点排放单位的责任与义务，要求其按时报告和清缴碳排放配额。该办法强调通过市场机制引导碳排放权交易，同时加强对交易活动的监督，确保公平、公开和透明，自 2021 年 2 月 1 日起施行。

2021 年 7 月，全国碳排放权交易市场启动上线交易，以发电行业为突破口，覆盖全国 2000 多家发电企业，年碳排放量超过 40 亿吨二氧化碳当量。同年 10 月，国务院发布《中国应对气候变化的政策与行动》白皮书，显示中国在应对气候变化方面取得了显著成效，基本扭转了二氧化碳排放快速增长的局面。[①] 与此同时，能源消费结构持续向清洁低碳转型，非化石能源占比大幅提升，煤炭在能源消费中的比重显著下降，中国在全球碳排放控制和能源转型中发挥了重要作用。

2022 年 4 月，国家发展改革委、国家统计局和生态环境部联合发布《关于加快建立统一规范的碳排放统计核算体系实施方案》（发改环资

---

① 2020 年，中国的碳排放强度比 2015 年下降 18.8%，比 2005 年下降 48.4%，超额完成了既定目标，累计减少二氧化碳排放约 58 亿吨。

〔2022〕622号），强调建立统一规范的碳排放统计核算体系，以支撑碳达峰、碳中和工作。该方案提出到2023年初步建成职责清晰、分工明确、衔接顺畅的部门协作机制，并在2025年前进一步完善核算体系，确保数据的科学性和可靠性。重点任务包括建立全国及地方碳排放统计核算制度、完善行业企业碳排放核算机制、建立健全重点产品碳排放核算方法，以及完善国家温室气体清单编制机制。该方案还强调夯实统计基础、建立排放因子库、应用先进技术、开展方法学研究，并完善支持政策以推动工作顺利开展。

2024年1月，国务院第23次常务会议通过《碳排放权交易管理暂行条例》（国务院令第775号），规定了碳排放权交易的管理机制、重点排放单位的责任、碳排放配额的分配与清缴等内容，并明确了监督管理措施与法律责任。通过建立全国统一的碳排放权交易市场，该条例为控制温室气体排放提供了法律保障，自2024年5月1日起施行。

2024年7月，国务院办公厅印发《加快构建碳排放双控制度体系工作方案》（国办发〔2024〕39号），提出到2025年完善碳排放统计核算体系，并制定相关标准和管理机制，以支持碳达峰、碳中和目标的实现。主要任务包括纳入国家规划、建立地方碳考核制度、完善行业碳排放核算和监测、推动产品碳足迹管理和碳标识认证制度。该方案要求各地区、各部门细化落实措施，确保如期实现碳达峰目标，为绿色低碳转型提供有力保障。

2. 我国碳排放权交易体系发展现状

2013年，北京、天津、上海、广东和深圳5个省份先后启动了碳交易，并形成了地方配额交易。随后，湖北和重庆于2014年开启碳交易。2016年，继两省五市之后，福建和四川也进入我国碳排放权交易试点行列。几大试点交易市场在制定管理方法、测算排放量、目标设定、分配方案制定和市场监管等方面积累了宝贵的经验，为构建全国碳排放权交易体系提供了重要的基础设施。

在已有试点的基础上，2017年，中国宣布将率先在电力行业建立全国碳排放权限额交易体系。首批纳入全国碳交易体系的有1700余家发电企业

（年度排放达到 2.6 万吨二氧化碳当量及以上），合计年排放总量超过 30 亿吨二氧化碳当量，约占全国碳排放总量的 1/3。

2019 年 2 月，由湖北省牵头承建的全国碳交易注册登记系统研发成功，已基本具备上线运行条件，系统数据中心场地基本确定。注册登记系统负责承担碳排放权的确权登记、交易结算、分配履约等业务和管理职能。全国碳交易系统平台则由上海市承建。

2020 年 5 月，生态环境部应对气候变化司委托中国国际工程咨询有限公司组织召开全国碳排放权注册登记系统（湖北）和交易系统（上海）施工建设方案专家论证会，就两系统施工建设方案重大技术问题进行论证。湖北省、上海市有关单位将结合此次专家论证会意见，进一步完善两系统施工建设方案，并在报经生态环境部批准后，开展两系统施工建设。

3. 我国碳交易市场准入主体

由于 7 个试点地区的产业结构和经济发展水平不同，所以被纳入碳排放交易体系的行业和企业类型也有所不同，不同地区设置的准入门槛也具有差异性。

表 3-3 总结了目前各试点区域覆盖的行业以及进入碳排放权交易体系的标准。可见，纳入减排的行业或单位主要为高排放的工业企业，上海和深圳还包括部分非工业企业或事业单位。在强制性准入标准方面，各试点地区根据自身经济结构和产业结构特征，制定了不同的强制性准入标准，其中年度二氧化碳排放量的门槛从 3000 吨至 20000 吨不等。总体而言，广东省的准入标准最为严格，而深圳市的准入标准相对较为宽松。

表 3-3　中国碳交易试点的准入情况与覆盖范围

试点区域	减排行业或单位范围	强制性的准入标准
北京	火力发电、热力生产和供应、水泥和石化、其他服务业、交通运输业等行业	年综合能源消费量在 2000 吨标准煤（含）以上。其中，年度二氧化碳排放量在 5000 吨（含）以上的法人单位为重点碳排放单位；未被列为重点碳排放单位的为一般报告单位

试点区域	减排行业或单位范围	强制性的准入标准
上海	工业行业：钢铁、石化、化工、电力、建材、纺织、造纸、橡胶、化纤等； 非工业行业：航空、水运、港口、酒店、商业等	工业行业排放企业：年综合能源消费量在1万吨标准煤以上（或年二氧化碳排放量在2万吨以上），已参加2013~2015年碳排放交易试点且年综合能源消费量在5000吨标准煤以上（或年二氧化碳排放量在1万吨以上）的重点用能（排放）单位。 非工业行业排放企业：交通领域中航空、港口行业年综合能源消费量在5000吨标准煤以上（或年二氧化碳排放量在1万吨以上），以及水运行业年综合能源消费量在5万吨标准煤以上（或年二氧化碳排放量在10万吨以上）的重点用能（排放）单位；建筑领域（含酒店、商业）年综合能源消费量在5000吨标准煤以上（或年二氧化碳排放量在1万吨以上）且已参加2013~2015年碳排放交易试点的重点用能（排放）单位
天津	钢铁、化工、石化、建材、油气开采、有色金属冶炼、机械设备制造、农副食品加工、电子设备制造、食品饮料、医药制造、矿山等工业行业和航空运输业（机场）等	温室气体年排放量在2万吨二氧化碳当量（综合能源消费量约1万吨标准煤）及以上的单位
重庆	二氧化碳、甲烷、氧化亚氮、氢氟碳化物、全氟化碳、六氟化硫6类温室气体的排放单位； 覆盖行业：电力（发电、电网）、钢铁生产、有色金属冶炼（电解铝、镁冶炼）、建材（水泥、平板玻璃、陶瓷）、化工（化学原料和化学制品制造）、航空（航空运输业、机场）	行政区域内2021年度、2022年度任一年度温室气体排放量达到1.3万吨二氧化碳当量（综合能源消耗量约5000吨标准煤）及以上的工业企业
深圳	企事业单位、超过2万平方米的大型公建和超过1万平方米的国家机关建筑物、相关工业、自愿减排单位	任意一年的碳排放量达到3000吨二氧化碳当量以上的企业；大型公共建筑和建筑面积达到1万平方米以上的国家机关办公建筑的业主
湖北	电力、热力及热电联产、钢铁、水泥、化工、建材、食品饮料、石化、汽车制造、设备制造、医药、造纸等行业	年温室气体排放量达到1.3万吨二氧化碳当量的工业企业

续表

试点区域	减排行业或单位范围	强制性的准入标准
广东	电力、水泥、钢铁、石化、造纸和民航6个行业企业	年排放量在2万吨二氧化碳当量及以上（或年综合能源消费量在1万吨标准煤及以上）的企业。 2018~2019年建成投产且预计年排放量在2万吨二氧化碳当量及以上（或年综合能源消费量在1万吨标准煤及以上）的新建（含扩建、改建）项目企业

资料来源：笔者整理。

4. 我国碳交易市场交易情况

2019年，8个试点区域（含2016年自主建设碳市场的福建省）碳市场累计成交量约7000万吨二氧化碳当量，累计成交额超过15亿元，分别比2018年增加了14.65%、30.50%（见表3-4）。年度增长主要来源于广东碳市场成交量的突破，占到总成交量的64%左右（陈婉，2020）。

表3-4 2018~2019年我国各碳交易试点交易情况

试点区域	2018年成交总量（万吨）	2019年成交总量（万吨）	2018年成交均价（元/吨）	2019年成交均价（元/吨）	2018年成交总额（亿元）	2019年成交总额（亿元）
北京	321.45	306.85	57.86	83.43	1.86	2.56
天津	187.52	62.05	12.27	14.50	0.23	0.09
上海	260.15	261.02	36.52	42.14	0.95	1.10
深圳	1258.00	842.54	23.45	10.80	2.95	0.91
广东	2875.57	4465.93	12.17	18.97	3.50	8.47
湖北	854.15	612.86	22.95	29.53	1.96	1.81
重庆	27.18	5.12	3.68	7.81	0.01	0.004
福建	289.31	406.53	17.97	16.97	0.52	0.69
合计	6073.33	6962.90	23.36（全国均价）	28.02（全国均价）	11.98	15.634

资料来源：Wind数据库，笔者整理。

表3-4至表3-6展示了2018~2023年我国各试点的碳交易情况。在各

个试点里，广东碳市场成交量和成交额均居于首位（除2023年）。广东碳市场虽成交价格较低，但在成交量上有巨大优势，2018~2021年的成交量占到总成交量的40%以上。天津和重庆试点的成交量和成交额均较小。从各试点2018~2019年的交易对比情况来看，广东碳市场在成交总量和总额上均有了大幅提升，增长速度明显快于其他试点。由于成交量下降，且价格下跌，深圳试点2019年的成交额出现明显下滑。而其余试点的变化不大，试点碳市场平稳运行。

表3-5　2020~2021年我国各碳交易试点交易情况

试点区域	2020年成交总量（万吨）	2021年成交总量（万吨）	2020年成交均价（元/吨）	2021年成交均价（元/吨）	2020年成交总额（亿元）	2021年成交总额（亿元）
北京	73.83	189.60	87.61	72.06	0.65	1.37
天津	480.30	391.58	26.16	30.33	1.26	1.19
上海	173.73	127.43	40.31	40.28	0.70	0.51
深圳	124.00	705.70	19.89	11.30	0.25	0.80
广东	1712.36	2734.22	27.25	38.18	4.67	10.44
湖北	1254.65	362.14	27.78	34.59	3.49	1.25
重庆	20.51	115.87	21.15	32.16	0.04	0.37
福建	43.56	221.70	17.53	14.38	0.08	0.32
合计	3882.94	4848.24	33.46（全国均价）	34.16（全国均价）	11.14	16.25

资料来源：同花顺数据库，笔者整理。

表3-6　2022~2023年我国各碳交易试点交易情况

试点区域	2022年成交总量（万吨）	2023年成交总量（万吨）	2022年成交均价（元/吨）	2023年成交均价（元/吨）	2022年成交总额（亿元）	2023年成交总额（亿元）
北京	175.37	94.77	108.43	115.09	1.90	1.09
天津	360.96	522.63	34.62	31.85	1.25	1.66
上海	168.92	193.07	56.50	66.96	0.95	1.29
深圳	508.66	347.55	44.15	58.42	2.25	2.03

续表

试点区域	2022年成交总量（万吨）	2023年成交总量（万吨）	2022年成交均价（元/吨）	2023年成交均价（元/吨）	2022年成交总额（亿元）	2023年成交总额（亿元）
广东	1460.91	971.97	70.49	74.92	10.30	7.28
湖北	573.35	569.23	46.84	42.47	2.69	2.42
重庆	63.92	19.20	38.95	37.35	0.25	0.07
福建	766.05	2619.89	24.75	23.25	1.90	6.09
合计	4078.14	5338.31	53.09（全国均价）	56.29（全国均价）	21.49	21.93

资料来源：同花顺数据库，笔者整理。

2022～2023年，各试点的整体成交量明显回升。广东碳市场成交量和成交额仍均居于首位，福建的成交量大幅提升，天津小幅上涨。在成交总额方面，各试点的成交额也呈现不同的走势，福建的成交额增幅较大，上海与天津碳市场的成交额也分别小幅增长。

（二）我国碳交易市场主要交易规则对比

我国试点地区碳交易体系的初始排放配额采用了以免费分配为主、拍卖分配为辅的方式。在进行免费分配时，主要采用历史碳排放分配原则，由各地政府主管部门根据企业的历史碳排放情况，发放碳排放配额。在市场运行初期的初始排放权分配中，每个企业分配到的具体配额一般由企业自己申报，所以存在碳排放配额总量过剩的问题，在试点开始运行的前两年，交易十分冷清。目前，深圳、广东、天津、湖北和北京的碳排放权交易体系已向个人投资者开放。

表3-7对比了中国各个碳交易试点的交易规则。从表中可以看出，我国碳交易试点主要参与主体既包括机构，也包括自然人；既包含纳入控排范围的履约主体，也包含自愿参与减排的主体。市场主要的交易方式大多为协议转让，公开交易和拍卖较少。虽然存在碳交易的衍生品及创新融资产品，但其交易和使用的范围较小、频次较少，目前碳市场交易产品仍以现货交易为主。碳排放配额初始分配以无偿方式为主，拍卖等有偿方式为辅；配额分配几乎都采取基于企业历史排放量的"祖父制"与基于行业排

表3-7 中国碳交易试点主要交易规则比较

试点区域	可参与交易主体	交易方式	交易产品	业务创新品种	配额总量结构	初始分配方案	CCER抵消机制	涨跌幅限制
北京	履约机构、非履约机构、个人	公开交易	北京市碳排放配额、中国核证自愿减排量、林业碳汇与节能项目碳减排量	碳排放配额回购融资、碳排放场外掉期交易、碳排放配额质押融资	既有设施配额、新增配额、配额调整量	无偿分配为主，拍卖为辅，"祖父制"与"基准制"结合	可用CCER抵消碳排放量的比例不得超过该年度企业通过分配取得的配额量的5%	公开交易：上一交易日加权平均价的±20%
上海	机构投资者（自营类会员和综合类会员）、个人投资者	挂牌交易、协议转让	上海市碳排放配额、中国核证自愿减排量	配额远期、借碳交易、CCER质押	历史排放（或基准排放额），先期减排配额、新增项目配额或企业配额	无偿分配为主，拍卖为辅，"祖父制"与"基准制"结合	可用CCER抵消碳排放量的比例不得超过该年度企业通过分配取得的配额量的5%	挂牌交易：上一交易日收盘价的±10%。协议转让：单笔不超过50万吨的，当日交易价格的±30%；单笔50万吨以上的，自行协商确定
天津	国内外机构、企业、团体和个人	拍卖、协议交易	天津市碳排放配额、中国核证自愿减排量	—	基本配额、调整设施配额和新增量配额	无偿分配为主，拍卖为辅，"祖父制"与"基准制"结合	可用CCER抵消碳排放量的比例不得超过当年实际碳减排量的10%	拍卖（涨幅上限）：前一交易日均线上交易价格的10%。协议交易：前一交易日线上交易价格的±10%
重庆	纳入配额管理范围内的单位、符合规定的市场主体及自然人	定价申报、成交申报	重庆市碳排放配额、中国核证自愿减排量	碳排放配额质押融资	基本配额、调整配额	无偿分配为主，"祖父制"与"基准制"结合	可用CCER抵消碳排放量的比例不得超过企业每个履约周期审定排放量的8%	定价申报：前一交易日均价的±10%。成交申报：前一交易日均价的±30%

续表

试点区域	可参与交易主体	交易方式	交易产品	业务创新品种	配额总量结构	初始分配方案	CCER抵消机制	涨跌幅限制
深圳	交易会员，通过经纪会员开户的投资机构或自然人	定价点选和大宗商品定价	深圳市碳排放配额、中国核证减排量	碳资产质押融资、境内外碳资产回购式融资、碳债券、碳排放配额结构性存管、绿色结构性存款、碳基金	预分配配额、调整分配的配额、新进入者配额、拍卖配额、价格平抑储备配额	无偿分配为主，拍卖为辅。"祖父制"与"基准制"结合	可用CCER抵消碳排放量的比例不得超过当年实际碳排放量的10%	定价点选：前一交易日收盘价的±10%。大宗商品定价：前一交易日收盘价的±30%
湖北	国内外机构、企业、组织和个人（第三方核证机构与结算银行除外）	协商议价转让、定价转让	湖北省碳排放配额、中国核证减排量	碳排放配额托管、碳排放权现货远期	企业年度碳排放初始配额、企业新增预留配额和政府预留配额	无偿分配。"祖父制"与"基准制"结合	可用CCER抵消碳排放量的比例不得超过企业年度碳排放初始配额的10%	协商议价转让：前一交易日收盘价的±10%。定价转让：前一交易日收盘价的±30%
广东	纳入广东省碳排放配额交易体系的控排企业、单位和新建项目企业；符合规定的投资机构、其他组织和个人	挂牌竞价、挂牌点选、单向竞价、协议转让	广东省碳排放配额、中国核证减排量	配额抵押融资、法人账户透支	控排企业配额、储备配额	无偿分配为主，拍卖为辅。"祖父制"与"基准制"结合	控排企业可用于抵消的CCER和PHCER（碳普惠核证自愿减排量）总量不超过该企业年度实际碳排放量的10%	挂牌竞价、挂牌点选：成交价格须在开盘价±10%区间内。单向竞买：保留价在开盘价±10%区间内。协议转让：前一交易日收盘价的±30%
四川	经纪会员、机构会员（重点排放单位直接成为机构会员）、自然人会员和公益会员	定价点选、大宗商品交易	四川省碳排放配额、中国核证减排量	—	—	无偿分配为主，拍卖为辅。"祖父制"与"基准制"结合	—	定价点选：前一交易日收盘价的±10%。大宗商品交易：前一交易日收盘价的±30%

续表

试点区域	可参与交易主体	交易方式	交易产品	业务创新品种	配额总量结构	初始分配方案	CCER抵消机制	涨跌幅限制
福建	交易类会员（综合会员、自营会员和公益类会员）和非交易类会员	挂牌点选、协议转让、单向竞价、定价转让	福建省碳排放配额、中国核证减排量、福建省林业碳汇项目减排量	碳排放配额融资抵押、碳排放配额定向回购	既有项目配额、新增项目配额、市场调节配额	无偿分配，适时引入有偿分配。"祖父制"与"基准制"结合	重点排放单位用于抵消的经备案的减排总量不得高于其当年经确认的排放量的10%	—

资料来源：各个试点地区相关制度规则，笔者整理。

放标准的"基准制"相结合的方式。CCER 抵消比例上限控制在 5%、8% 或 10%。例如，北京和上海的抵消比例均设置为 5%。由于碳市场还处于建设和运营初期，为了避免交易中的投机行为引发价格剧烈波动，除了福建省，大多数交易试点公布了价格涨跌幅度的限制，以保证市场稳定运行。

（三）我国碳交易试点市场存在的问题

我国碳交易试点市场在推进过程中，暴露出一些有待解决的问题，具体如下。

1. 法律法规顶层设计有待完善

在现有的几个碳交易试点中，大部分地区仅通过政府规章来规定交易规则，这些规章的法律效力和约束力相对有限，且主要限于试点地区内部，对非试点地区难以产生有效的法律约束。全国范围内适用的高位阶法律尚不完善，而现有的政府令在法律效力上相对较弱，导致其约束力不足。这种现状不仅限制了碳交易市场的统一性和规范性，也增大了将各试点市场整合为全国统一碳市场的难度。为了解决这些问题，需要从国家层面加强立法，出台更高位阶的法律法规，以提供更加明确和有力的法律支持。同时，应逐步完善碳交易市场的监管体系，确保交易规则的统一性和执行力，为构建公平、透明、高效的碳交易市场奠定坚实的法律基础。

2. 碳交易市场差异大，发展不均衡

每个试点市场都基于自身的实际情况，设计了符合当地需求的碳交易机制。然而，这些机制和规则的多样性不仅造成了地方市场发展的不平衡，也增强了将各试点市场整合为全国统一碳市场的复杂性。例如，上海试点允许配额跨年结转，未清缴的年度碳排放配额可存储用于未来两年的履约，所以常出现在其他试点履约截止期间交易量最为活跃的时候，上海却在此时连续出现交易量为零的情形。再如，重庆试点只对碳排放总量进行控制，企业采取自主申报配额数量的方式，若配额能在试点市场间交易，则可能会存在企业超额申报配额的寻租行为。这一问题反映了建立统一碳交易市场规则的必要性，以确保市场的公平性、透明性和高效率。同

时，在推进全国统一碳交易市场的过程中，也需要充分考虑各试点市场的特殊情况，并采取适当的政策协调和过渡措施。

3. 碳排放配额分配机制尚需优化

在各试点的碳排放权交易中，初始配额的分配方法和标准存在差异，这不仅影响了配额分配的效率，也对其公平性提出了挑战。此外，确立一个系统性的分配模式，确保在不同地区和企业间公平合理地分配碳排放权，亦是试点市场向全国市场过渡亟须解决的一大难题。为了应对这些挑战，必须采取创新的分配策略，如引入市场机制和激励措施，鼓励企业采取节能减排措施，同时确保配额分配的透明度和公正性，为全国碳市场的成功建立和运行打下坚实的基础。

4. 碳交易市场程度较低

各试点市场的交易机制在很大程度上依赖政府的行政干预，未能充分发挥市场机制的调节作用。政府决策对企业行为和市场波动的影响较大，这在一定程度上限制了市场自主发展的空间。由于缺乏一个成熟的市场价格形成机制，碳交易价格常常出现不合理的波动。此外，市场的透明度亟须提高。企业难以准确预测碳价格的未来走势，这增强了市场的风险性，影响了企业和投资者对市场的信心和参与度。这种信心不足反过来又导致市场活跃度不足和流动性低下的问题。因此，需要采取措施提高市场透明度，完善价格发现机制，减少行政干预，让市场在资源配置中发挥决定性作用，提升市场活力和效率，逐步构建一个更加成熟、稳定和高效的碳交易市场。

5. 缺乏有效的惩罚机制

严格执行的惩罚机制是确保碳市场有效运行的关键。尽管碳排放权交易市场是人为构建的，但仍因缺乏强有力的惩罚机制而在一定程度上削弱了其促进减排的潜力。该市场设计的初衷是通过低成本手段实现碳排放总量的控制；企业参与交易则是为了在碳减排的约束下，通过市场机制降低自身的减排成本。然而，政府与企业之间存在信息不对称，这增加了道德风险行为发生的可能性，因此，建立有效的惩罚机制对于确保交易机制的顺畅运作至关重要。以 2016 年 7 月 24 日天津碳排放市场为例，该市场曾出现历史最低价格，这在很大程度上可以归咎于天津市政府对不履约企业的惩罚力度不足。① 只有通过建立和实施更为严格的惩罚机制，才能激励企业遵守规则，从而实现碳排放的有效控制和市场的健康发展。

6. 缺乏碳金融交易切实可行的规范

碳排放配额交易具有天然的金融属性，但目前各试点对碳金融的规定和交易有待改进。首先，各试点交易所在确认碳交易的金融属性和跨部门协作方面尚缺乏明确规定，这限制了碳金融产品的创新能力，并且中介和投资机构缺乏监管，可能导致市场冲突。其次，尽管各试点交易所主要实施自律管理，但这种管理并不能完全替代正规的金融监管制度，存在一定的风险。同时，碳交易所的管理规则与金融行业的监管规则尚未有效衔接，这可能引发交易产品和主体的合法性问题以及监管冲突，进而诱发潜在的金融风险。最后，我国碳市场还面临包括制度风险、政治风险、价格风险在内的多种风险，亟须开发碳金融工具来规避这些风险，并助力碳金融业务的拓展，但目前我国的金融工具在这方面的作用尚未充分发挥。

综上，我国碳交易试点市场运行的经验教训表明，为了确保我国碳排放权交易体系充分发挥作用，试点市场能顺利过渡到全国市场，需加强国家层面的立法工作，出台更高位阶的法律法规，以提供明确的法律框架和支持；推动建立统一的碳交易市场规则，确保市场公平性和透明度；优化碳排放配额分配机制，引入市场机制和激励措施；提高市场的自主性和透明度，减少行政干预，构建成熟的市场价格形成机制；建立严格的惩罚机制，确保市场参与者遵守规则；积极发展碳金融工具，促进碳金融交易的规范化和多元化，以支持碳市场的发展和企业的低碳转型。通过以上措施，推动我国碳排放权交易体系更加健康、有序地发展，为实现"双碳"目标提供有力支撑。

3.2 碳排放权交易体系的研究进展

总体来看，目前学界在这一领域的研究可以大致归纳为以下几类。

---

① 根据天津的规定，未能履约的企业仅面临限期内改正和失去某些政策扶持的轻微后果。

一 探讨碳交易的适用边界与兼容性

碳税和碳交易作为目前通用的两类市场激励型减排政策，分别以庇古税和科斯定理为理论基础，前者通过控制碳排放价格，后者通过控制碳排放总量，均能实现减排目的。但关于应该采用碳税政策，还是采用碳交易政策，或是两者兼而有之，当前理论研究并未有一致的观点，而实践中也存在差异化选择。

部分学者主张采取碳税政策，如 Wittneben（2009）、Metcalf（2009）、Martin 等（2014）、Liu 和 Lu（2015），原因在于它能够提供相对稳定的价格信号，有效降低监管者交易成本，在对环境气候等问题认识提升的趋势下政策推行的阻力在减小，以及能够产生经济和环境"双重红利"。曹静（2009）认为从经济有效性、政治可行性和实际可操作性等方面考虑，对于处于发展中和转型中的国家而言，碳税政策具有比较优势。

部分学者认为碳交易更有优势，碳交易的减排总量控制目标更加明确，更适用于碳排放形势较为严峻的情形；企业履约相对灵活，能激发企业减排的自主性；还有助于促进碳金融市场发展；如果碳排放权采用拍卖方式进行分配，也能够产生经济红利（Stavins，2008；Keohane，2009；Mackenzie and Ohndorf，2012；Jiang et al.，2018）。谢来辉（2011）回顾了关于温室气体规制的文献发现，出于政治可行性的考虑，多数发达国家选择碳交易作为减排的优选政策。

此外，还有部分学者对碳税和碳交易进行了综合对比研究，认为两种政策相机择用或混合使用更具优势（胡艺等，2020），对两种政策的认识也从最初的相互替代向相互补充转变。Pizer（2002）认为碳税和碳交易复合型减排政策在提高整体福利、增强决策弹性以及提高减排量的可预见性等方面较单一政策更为有效。石敏俊等（2013）比较了不同政策的减排效果、经济影响与减排成本，指出相对于单一的碳税或碳交易政策，以碳交易为主、适度结合碳税的复合政策具有明显的成本与效率优势。吴力波等（2014）分析了信息不完全条件下，中国各省份的二氧化碳边际减排成本曲线动态特征，结果表明，碳排放权限额交易很适用于当前中国的需求，但未来要进一步考虑引入碳税政策。魏庆坡（2015）通过分析绝对减排目标和相对减排目标与碳税的兼容性，认为我国中短期应采取碳税和碳交易（相对减排目标）的模式，而长期应采用碳税和总量控制与交易的碳交易（绝对减排目标）模式。赵黎明和殷建立（2016）通过分析政府和企业两层决策机制及相互的动态反馈性，构建了碳交易和碳税相结合的复合型减排规划决策模型并进行仿真分析。中国财政科学研究院课题组（2018）认为，碳税的法定征收属性、公平性及灵活性契合我国当前的国情特征，同时认为未来在建立完善碳交易市场的同时应择机开征碳税。其他从事两者之间适用性与兼容性研究的代表性文献有 Mandell（2008）、Bristow 等（2010）、杨晓妹（2010）等。

二 探索最优的碳排放权初始配额分配方案

初始碳排放权分配是建立碳交易体系的前提，分为无偿和有偿两种方式。就国内地区/企业之间的排放权分配而言，无偿的排放权分配方式可分为"祖父制"和"基准制"两种（周林等，2020）。"祖父制"主要将碳排放主体历史产量或碳排放量作为分配基础；"基准制"则是以既定的排放标准或单位产量的允许排放量为分配依据（林坦、宁俊飞，2011）。"祖父制"的支持者认为有必要减轻参与交易的排放实体的减排压力，保证其更有余力地更新技术设备，从而实现碳减排目标（Hepburn and Stern，2008；Zhang et al.，2015）。这种方式受到较多诟病，因为它违反了"污染者付费"原则，使历史排放量较高的企业获得较多配额，加大了新企业进入交易市场的难度（Franciosi et al.，1993；Fromm and Hansjürgens，2008），并且有可能导致企业为了获取更多配额恶意增加现阶段排放（付强、郑长德，2013）。与之相比，"基准制"按照行业排放密度分配配额，与排放实体的实际排放量无关，能有效激励低碳企业，缓解碳泄漏问题（Demailly and Quirion，2008；齐绍洲、王班班，2013；Sartor et al.，2014）。在温室气体核算技术逐步改进以及企业碳排放数据库不断完善的趋势下，"基准制"较"祖父制"则具有更大优势（王文举、李峰，2016）。但是，无偿分配的一个问题在于，容易使企业为争取配额付出额外的成本，从而影响减排的实施进程与效果。因此，有学者提出有偿的分配方式，包括固定价格出售与公开竞价拍卖两种，尤以后者更为常用，它不仅可以产生经济红利、缓解税收扭曲、促进节能减排，还具有提高成本效率、减少企业争议、增强企业自主性和碳价格信号等优势（Cramton and Kerr，2002；Lennox and Nieuwkoop，2010；王明荣、王明喜，2012；Álvarez and André，2015）。但是，这种方式也存在削弱企业国际竞争力、扭曲碳交易市场、促使企业形成隐性合谋等问题（王凯等，2014）。从实践来看，目前的碳交易市场大多采用短期无偿、长期有偿的分配方式。但也有学者提出不同分配方式同时使用的混合分配方式。例如，吴洁等（2015）通过研究不同初始配额分配方式对各地区宏观经济及重点减排行业的影响，提出对能源行业免费发放配额、对高耗能行业实行竞价拍卖；宣晓伟和张浩（2013）通过对比分析国际碳排放分配经验，认为各种分配方式均有各自的优势，我国碳交易分配方式应根据具体实施情况及政策导向而定，不可一概而论。

考虑碳排放权初始分配的原则主要是公平原则和效率原则。在公平原则方面，Kverndokk（1995）以人口规模作为碳排放权初始分配指标进行分析，创设了人口规模的碳分配模型，但人口绝对指标忽视了其他因素的影响，尤其是经济发展差异的客观事实，而Janssen和Rotmans（1995）在分析发达国家碳排放权初始分配时使用的是人均GDP指标。Miketa和Schrattenholzer（2006）在分析全球九大区域碳排放权初始分配时也考虑了人均因素。Van Steenberghe（2004）从公平视角利用合作博弈论构建了"祖父制"的碳排放分配模型。Duro和Padilla（2006）使用Theil不等式指数分析方法研究了二氧化碳排放分配问题，认为人均收入差异是导致人均二氧化碳排放分配不公平的主要原因。Groot（2010）基于人均碳排放指标，构造了碳洛伦兹曲线。祁悦和谢高地（2009）认为从我国历史碳排放规模较小和人口规模较大的国情出发，在碳排放分配中我国必须坚持历史公平和人均分配原则。宋德勇和刘习平（2013）基于人均历史累计碳排放原则，修正了传统的碳洛伦兹曲线，并对全国各地碳排放进行了分配。在效率原则方面，钱明霞等（2015）基于ZSG-DEA模型分析了我国各个行业的碳配额。此外，还有兼顾公平和效率原则的综合分析，Yang等（2012）兼顾了公平和效率原则，使用聚类分析方法研究了不同地区的减排潜力。郑立群（2012）从公平与效率角度，通过迭代计算得到统一于 DEA 有效边界的碳排放分配方案。马海良等（2016）基于公平、效率和溯往三个分配视角，建立了 9 种不同情形下的碳排放分配模型。于倩雯和吴凤平（2018）从公平与效率双向耦合视角构建了碳排放权分配的双层规模模型，基于交互式决策理论求解了碳排放权分配模型。

根据碳排放权初始分配对象的不同，有关研究可以分为对国家、地区及具体行业的分析。在国家初始分配研究方面，林坦和宁俊飞（2011）使用零和 DEA 模型迭代计算了欧盟 2009 年公平的碳排放分配结果；宣晓伟和张浩（2013）总结了已有的碳交易初始分配的国际经验。在地区初始分配研究方面，Chang 和 Hao（2016）在考虑区域经济发展、减排能力与潜力、减排责任等因素的基础之上，深入分析了我国各区域碳排放权分配方法；郑立群（2012）采用投入导向的零和收益 DEA 模型，探讨了各省份碳排放权的分配方法；冯阳和路正南（2016）采用"垂直距离"对多指标决策 TOPSIS 模型进行改进，在兼顾公平与效率的前提下构建了碳排放权区域分配方法，其他关于地区碳排放权分配的研究有王勇等（2018）。在具体行业初始分配研究方面，骆瑞玲等（2014）在考虑 GDP 发展水平和历史碳排放水平基础上，构建初始碳排放配额分配模型，对石化行业的初始碳排放权进行分配；令狐大智和叶飞（2015）基于古诺模型研究了行业内双寡头竞争市场企业的碳排放配额分配策略；赵文会等（2017）基于高排机组和低排机组构造差异化配额的 Cournot 博弈模型，分析了电力行业的分配策略。此外，段茂盛和庞韬（2014）提出构建全国统一的碳交易市场，需要明确中央政府、地方政府以及企业三个层级碳排放的分配方式。

三　碳排放交易的经济社会环境效应及其对企业决策的影响

关于碳排放交易对宏观层面的影响，学者们的观点较为一致，普遍认为，碳交易机制设计合理会对宏观经济和节能减排产生积极影响（Abrell，2010；孙睿等，2014）。Jaraitè 和 Maria（2012）发现，欧盟的碳交易体系具有积极的环境效应；崔连标等（2013）指出，碳交易对实现各地区的减排具有正向的成本节约效应；王文军等（2014）认为，我国已开展试点的碳交易体系管理机制整体而言是有效的。

关于碳排放交易对企业微观层面的影响，一方面，大量文献通过构建计量或仿真模型研究碳交易机制的影响，部分学者认为实施碳排放交易会增加企业生产成本，对企业有负面影响，降低企业竞争力，不利于企业节能减排技术的研发与投入（Jaffe et al.，1995；Bode，2006；Eiadat et al.，2008；Denny and O'Malley，2009）；碳交易并不能激励企业增加产品附加值（Abrell et al.，2011），碳强度较高的产品市场竞争力较弱，容易被其他产品替代（Mo et al.，2012）。此外，由于碳交易导致碳价格具有波动性，不确定性不利于激励企业进行低碳技术研发（Gulbrandsen and Stenqvist，2013；Lofgren et al.，2014）。另一些学者持相反意见，认为碳交易对企业的影响并不显著（Demailly and Quirion，2008；Rogge et al.，2011）；或者通过影响电价或能效等途径增加企业的利润（Schleich et al.，2009；赵明楠、刑涛，2015）。Chan 等（2013）通过分析 10 个国家电力、水泥和钢铁等企业样本，发现欧盟碳交易体系对企业的营业收入和经营效益具有正向效应；碳交易体系虽然增加了企业的边际成本，但只要产品价格上涨幅度大于边际成本增加幅度，碳交易体系不一定会导致企业经营效益下滑（Damien and Philippe，2006；Robin et al.，2006）。此外，实施碳交易能有效促进技术进步（Chen et al.，2015）和新能源投资与发展（Mo et al.，2016），还有利于增强企业创新意识和创新能力（Hoffmann，2007；Rogge et al.，2011）；企业加入碳交易体系后对股票具有溢出效应（Oberndorfer，2009；Gans and Hintermann，2013）。沈洪涛等（2017）的研究发现，碳交易能够促进上市公司进行碳减排；减排对象的减排潜力越大，通过碳交易越能发挥减排效果（王文军等，2018）。另一方面，也有很多文献从反向角度研究企业在碳排放权交易机制下如何进行优化决策，包括企业产量（Gong and Zhou，2013）、库存管理（Hua et al.，2011）、减排途径（安崇义、唐跃军，2012）、空间分布选择（薛领等，2018）等。

四　碳排放权交易价格的影响因素及其定价机制

大量研究表明，驱动碳价格的主要因素有经济增长和工业产出（Bredin and Muckley，2011；邹亚生、魏薇，2013）；石油、天然气、电力等能源价格将影响碳价，尤其是石油价格对碳价的冲击最为明显（Convery and Redmond，2007；Mansanet-Bataller et al.，2007；张跃军、魏一鸣，2010；Creti et al.，2012；王庆山、李健，2016；汪中华、胡垚，2018），其他影响因素还包括气候（Hintermann，2010；Zhang and Wei，2010）、气温（Alberola et al.，2008）等。部分文献指出，交易主体是否准备充分（Reilly et al.，2007）、信息是否对称（Jaehnab，2010）、配额供给多少（陈晓红、王陟昀，2012）、汇率高低（郭文军，2015）、市场活跃程度（Zhu et al.，2015；王庆山、李健，2016）、政策约束（Jenkins，2014；Littell and Speakes-Backman，2014）、体制问题（李炯、陈清清，2015）等因素也会导致碳价格发生不同程度的波动。除了碳交易市场因素，碳交易市场内部产品结构及其价格传导机制，以及产品期货价格等也是影响碳价格的重要因素（Wagner and Uhrighomburg，2006；Chevallier，2010；王军锋等，2014）。

　　研究碳排放权定价机制的核心在于计算各单位的边际减排成本（Balietti et al.，2015）。目前研究二氧化碳边际减排成本的文献，按不同研究模型可分为四类，表 3-8 对这四类研究模型的特征与代表性文献进行了简要总结。

表 3-8　碳交易模型文献归类

研究模型		特征描述	代表性文献
自上而下模型	宏观模型	一般基于历史数据采用计量模型估计碳减排对成本的影响。对数据质量要求较高，多用于短期分析。适用于测算宏观层面产出导向的边际减排成本	巴曙松和吴大义（2010）；林伯强和牟敦国（2008）
	投入产出模型	通过分析各个部门之间的平衡关系来研究碳减排对各经济部门和宏观经济的影响，从而估算二氧化碳边际减排成本。但假设过于严格，如投入产出系数固定、规模报酬不变和最终需求外生给定等，并且也只能做短期分析	Minihan 和 Wu（2012）

研究模型		特征描述	代表性文献
自上而下模型	CGE 模型	基于所有部门的投入产出数据，通过模拟经济系统在政策实施后的新均衡状态来推导边际减排成本。在推导边际减排成本的同时还能捕捉能源政策对其他部门和国际贸易的影响。但不能精确提供其调整路径，可能会产生偏误估计；不同的假设及参数设定对推导的边际减排成本分布影响较大，对外生参数反应敏感，模型结果稳健性较差	Springer（2003）；Fischer 等（2003）；Klepper 和 Peterson（2006）；牛玉静等（2013）
自下而上模型	动态能源优化系统模型	聚焦能源部门，一般会首先构建一个局部均衡模型，然后改变约束条件，从而得到相对应的碳影子价格，即不同减排比例对应的边际减排成本。基于这类方法测算的边际减排成本可以估计不同部门的减排潜力，但也存在一些内在缺陷，如模型设定能源的需求是外生的，且仅限于能源部门本身，忽略了与其他经济部门的联系	Vaillancourt 等（2008）
	专家模型	一般以可利用的最先进的技术为参照基准，对不同排放单位的各种减排措施进行技术评价，加总后计算出其减排潜力和减排成本，在此基础上按照成本从低到高进行排序，从而构成边际减排成本曲线	Kesicki 和 Strachan（2011）
混合模型		集中了"自上而下"和"自下而上"两种模型的优点，广泛应用于测算全球层面的二氧化碳边际减排成本。但由于聚合程度比较高，很难用于分析行业或国家层面碳政策的影响	Chen（2005）；Kiuila 和 Rutherford（2013）
影子价格模型		基于微观供给侧视角，由它推导出来的边际减排成本可以解释为：给定市场和技术条件下，污染物减排带来的机会成本。有比较坚实的微观经济学基础，最初主要针对企业或行业层面的研究，由于无须考虑外部环境规制、只需要投入和产出数量及期望产出的价格信息，且研究对象覆盖多个层面，影子价格模型在近年的文献中得到大量应用并不断改进、完善，不少文献将其用于宏观层面的研究	陈诗一（2010）；Cara 和 Jayet（2011）；魏楚（2014）；Zhou（2014）；涂正革和谌仁俊（2015）

资料来源：笔者整理。

五 碳排放权交易体系运行有效性评价

理论上，碳交易是有效应对碳减排的市场化手段。现实中，发达国家的碳交易市场建立时间较早，市场化运营较为成熟，如欧盟碳排放交易市场和北美碳排放交易体系。我国碳交易试点起步较晚，发展较慢，虽然在交易试点的基础上全国性碳交易市场建设已拉开序幕，但尚处于基础建设阶段，离全国性交易市场正式运营仍存在一定距离。碳交易市场运行过程中会受到很多主客观因素的影响，因此，对碳排放权交易体系运行有效性进行科学评价，总结提炼经验教训，对完善碳交易体系具有重要意义。

关于碳排放权交易运行机制有效性的研究，碳排放基础数据的可获得性、客观性和真实性是构建碳交易市场的基础（段茂盛、庞韬，2013）；合理的交易制度、可行的操作规则和强大的支持系统是碳交易市场有效运行的前提条件；配额分配是碳交易市场机制的核心问题，选择不同的配额分配方式将直接影响企业的履约成本和参与积极性，进而影响碳交易市场运行的效果（熊灵等，2016）；碳定价机制的有效性将影响碳交易市场的配置效率，并激发企业主动减排、加大碳技术研发投入（陈欣等，2016）。关于碳排放权交易市场运作需要考虑的因素，先考虑经济周期对碳交易市场推出时机的影响，经济体面临经济下行压力时推行碳交易市场的难度较大，分析建立碳交易市场对经济发展的冲击及影响；建立全国统一碳交易市场需要考虑区域、行业发展不平衡问题（段茂盛、庞韬，2013）；妥善处理好由区域试点到全国推进过程中体制机制的衔接问题，尤其是从独立的区域试点市场发展到能够统一价格信号的全国市场，以及国内市场与国际市场的衔接问题（陈波，2013）；确定碳交易市场覆盖范围即碳市场参与者，一种观点认为参与者覆盖控排企业即可（曹静、周亚林，2017），而另一种观点认为将其他投资机构和个人引入碳排放交易市场有利于激发市场活力（段茂盛、庞韬，2013；肖玉仙、尹海涛，2017）。关于碳排放交易市场运行比较分析，周宏春（2009）分析了国外碳市场形成的主要条件，提出了中国发展碳交易市场的建议；骆华等（2012）对比分析了已运作的欧盟、美国、英国、日本等经济体的排放权交易机制，提出中国应尽快建立全国统一的碳交易市场，并且应考虑未来与国际碳交易市场的对接；刘惠萍和宋艳（2017）分析了中国开展的碳试点交易市场，认为中国开展试点的区域发展不均衡，管理模式不尽相同、各具特色，应合理建立统一规范的市场；谢晓闻等（2017）基于价格传导机制以中国碳交易试点省份数据为研究对象，发现中国碳交易市场呈现一体化程度不高和局部中心化显著的特征；还有学者对中国已开展的碳交易试点市场进行单独分析或者对比分析（王文军等，2016；易兰等，2018），对建设和完善中国碳交易市场提出建议。关于碳排放权交易市场运作风险，王丹和程玲（2016）研究了欧盟碳现货和期货价格的关系，提出应合理利用期货市场的价格发现功能完善碳交易现货价格，降低现货价格的波动风险；魏立佳等（2018）认为宏观经济周期、供给侧结构性改革和产业升级等因素会造成碳交易价格波动，参与者面临市场波动风险，价量联动的稳定机制能够有效应对短期价格波动，而建立公开透明的市场运行机制有助于参与者形成长期预期，维护市场的长期健康发展。

| 第4章 |

碳排放权交易体系初始排放权配额分配

初始碳排放权配额分配是碳排放权交易机制的核心内容，决定着每个交易主体的责任与利益。既关乎机制设计的公平性，也对碳市场的活跃性与流动性有着重要影响，是碳排放权交易机制设计中最为敏感、最受关注的一部分。因此，本章将对我国碳排放权限额交易体系的初始碳排放权分配方案进行分析，并在此基础上提出对全国碳市场初始配额分配的展望。

初始排放权配额分配涉及几个重要问题：一是配额分配原则；二是配额发放方式；三是配额抵消机制。其中，前两者对碳排放权限额交易体系的有效性和可靠性尤为关键。

目前比较主流的分配原则主要有基于企业历史排放的"祖父制"和基于行业排放标杆的"基准制"两种。

"祖父制"一般是根据交易主体近几年的历史排放均值确定其配额量，这种方法计算起来比较简单，对数据的要求也比较小，对于生产工艺复杂、数据获得性较差的行业，这种方法的适用性较强。但问题在于，这种方法事实上鼓励了历史排放量高的企业，对于在早期积极优先采取减排行动的企业尤其有失公平；而且，对于新进入的企业，由于其缺乏历史排放数据，无法确定其配额数量。

"基准制"一般是以某个行业内比较领先的企业排放强度作为标杆，进而根据该行业内各个企业的产出水平确定各自的排放配额。这种方法相对于"祖父制"似乎更加公平有效，但是只能适用于一些生产流程比较标准化的行业，对数据的要求也更高。

配额发放方式主要包括有偿发放和免费发放两种，前者包含政府定价和市场拍卖两种方式。目前，国家发展改革委对于如何在纳入全国碳市场的 1700 余家电力企业之间进行初始配额分配尚未公布最终决定。本章将对目前国内七大碳交易试点的初始配额分配相关经验与问题进行全面系统的梳理与总结，以期为全国碳排放权交易市场的建设与运行提供必要参考与借鉴。

4.1 我国碳排放权交易试点经验启示

一 配额构成、分配原则及核定方法

（一）北京试点

北京市碳排放权交易试点启动于 2013 年 11 月 28 日，覆盖了北京市约 45% 的二氧化碳排放量，涉及行业包括电力、供热、水泥、化学化工等工业企业和制造业，以及服务业、交通部门等。此外，北京市还与天津市、河北省、内蒙古自治区、陕西省和山东省签署了跨区域碳排放交易合作协议。2015 年以来，内蒙古和河北部分水泥企业相继加入北京市的碳排放权交易体系。

1. 配额构成

重点排放单位的碳排放配额总量包括既有设施配额、新增设施配额、配额调整量三部分。

2. 分配原则及核定方法

考虑到"祖父制"和"基准制"各自的优缺点，结合现实中数据的可获得性，北京市碳排放权交易机制的初始配额分配针对不同控排主体——既有设施和新增设施采用了不同的分配原则（熊灵等，2016）。其中，对新增设施主要采用"基准制"分配原则，计算公式为：

$$EA = CP \times B \tag{4-1}$$

其中，EA 表示企业新增设施的碳排放初始配额量；CP 表示新增设施

的产能，包括主要产品的产量、产值、建筑面积等；B 表示基于新增设施所属行业碳排放强度先进水平计算所得的标杆值。

对既有设施，则根据其各自行业特征决定采用基于历史排放强度或历史排放总量的"祖父制"分配原则。

对于火电和供热企业，在 2013 年之前投入运行的设施，采用"历史强度法"计算配额，其计算公式为：

$$EA = (P_电 \times I_电 + P_热 \times I_热) \times f \qquad (4-2)$$

其中，$P_电$ 和 $P_热$ 分别表示控排设施在核定年份的发电量和供热量，$I_电$ 和 $I_热$ 分别表示基于 2009～2012 年（或 2011～2014 年）发电和供热历史排放强度的均值，f 为该行业的控排系数。之所以对这两个行业采取历史排放强度法，主要是为了促进其改进技术，提高效率，降低排放强度。

对于 2013 年之前投入运行的其他工业、制造业和服务行业，则采用"历史平均排放总量"计算配额，其计算公式为：

$$EA = HE \times f \qquad (4-3)$$

其中，HE 为控排设施 2009～2012 年（或 2011～2014 年）的平均排放量，f 为行业控排系数。

对于已按照相关规定完成配额核定的重点排放单位，如果它提出了配额变更申请，则北京市的碳交易市场主管部门会对有关情况进行核实，在次年履约期前，参考第三方核查机构的审定结论，对排放配额进行必要的调整，多退少补。

（二）天津试点

天津市碳排放权交易试点成立于 2013 年 12 月 26 日，覆盖了钢铁、电力、供热等行业约 107 家企业，占全市碳排放总量的一半以上。

1. 配额构成

天津试点控排企业所接收的配额也分为三类：基本配额、调整配额和新增设施配额。基本配额和调整配额的分配通常基于企业的现有排放源和活动水平，二者统称为既有产能配额。当企业启动新的生产设施并由此导致排放量显著变化时，便会为其分配新增设施配额，以适应这种变化并确保碳排放的持续有效管理。

2. 分配原则及核定方法

天津市与北京市的初始配额分配原则类似，也采用了"祖父制"与"基准制"相结合的方法：对于新增主体，采用"基准制"原则，计算公式同（4-1）；对于既有主体，则采用基于历史排放总量或强度的"祖父制"。与北京市不同的是，天津市针对发电和供热行业的配额计算公式中不考虑控排系数。但是，天津市要求控排企业 2014 年与 2015 年的碳排放强度要逐年下降 0.2%。而且，天津试点主管部门会根据当年基准水平，按照 2009~2012 年正常工况下年平均发电量或供热量的 90%，向控排企业分配初始碳配额。在次年履约期间，依据控排企业的实际发电量或供热量，核发调整配额。

$$既有产能配额：A = A_1 + A_2$$
$$基本配额：A_1 = （B_电 \times P_{历史平均发电量} + B_热 \times P_{历史平均供热量}）\times 90\%$$
$$调整配额：A_2 = （B_电 \times P_{实际发电量} + B_热 \times P_{实际供热量}）- A_1$$

其中，$B_电$ 为热电联产企业的发电基准；$P_{历史平均发电量}$ 为控排企业发电部分 2009~2012 年的年平均发电量；$B_热$ 为热电联产企业的供热基准；$P_{历史平均供热量}$ 为控排企业供热部分 2009~2012 年的年平均供热量；$P_{实际发电量}$ 为控排企业发电部分当年实际发电量；$P_{实际供热量}$ 为纳入企业供热部分当年实际供热量。

对于发电与供热之外的其他工业行业和服务业既有设施，以历史排放为依据，综合考虑其先期的减碳行动、技术先进水平及行业发展规划等，向控排企业分配基本配额。天津市在计算初始配额时较之北京则新增了一个减排绩效因子 C，以对在此之前就开始从事减排的企业进行鼓励和补偿（熊灵等，2016）：

$$EA = HE \times f \times C \qquad\qquad (4-4)$$

其中，HE 为排放基数，为控排企业 2009~2012 年正常工况下的年平均碳排放量；f 为行业控排系数，根据本市行业发展规划、行业整体碳排放水平、行业承担的控制温室气体排放责任、配额总量与控排企业排放基数总和之间的差异等确定，2013 年取值为 1，2014～2015 年取值会在当年公布；C 为绩效因子，由天津市碳排放权交易市场的主管部门综合考虑控排企业先期的减碳成效和碳减排技术水平后赋值。

控排企业可在履约期间向政府主管部门提出配额调整申请，经主管部门核实后，由其向企业补充发放必要的调整配额。

（三）上海试点

上海碳排放权交易试点成立于 2013 年 11 月 26 日，纳入碳交易体系的碳排放规模占全市排放总量的近 60%。2017 年 12 月，上海市被评选为全国碳排放体系的交易中心。

1. 配额构成

上海试点控排企业的配额包括历史排放配额（或基准排放配额）、先期减排配额、新增项目或企业配额。

2. 分配原则及核定方法

上海也采取了"祖父制"和"基准制"相结合的分配原则，也考虑了为先期就已经开始采取减排行动的企业提供奖励。在北京和天津的基础上，上海对不同行业部门采取不同原则的划分更加细化（熊灵等，2016）。

对于产品或服务性质比较复杂的工业行业、商场、宾馆、商业建筑和铁路站点等，采用基于历史排放量的"祖父制"，计算公式如下：

$$EA = HE + ER \tag{4-5}$$

其中，HE 是 2009～2011 年的碳排放量平均值，且对所参考的基年采用动态调整，即如果排放边界增加值相对于基年的均值发生了较大变化，则要取变化后近三年的排放平均值。ER 是给予政府干预前就自主采取减排行动企业的配额奖励。

对产品或服务性质比较单一的行业，如电力、航空、机场和港口，采用"基准制"分配原则。其中，电力行业的配额计算公式为：

$$EA = B \times P_{电} \times LC \tag{4-6}$$

其中，LC 为电力负荷修正系数，B 表示发电机组的碳排放强度标杆值。上海试点在计算配额时将发电机组细分为燃煤机组和燃气机组，对燃煤机组又进一步划分为超超临界、超临界和亚临界三种，对其分别设定相应的标杆值。根据上海试点的规定，2013~2015年各类发电机组单位发电量的碳排放基准值要逐年下降。

对于航空、机场和港口企业，上海试点的初始碳排放配额计算公式为：

$$EA = EC \times Q + ER \tag{4-7}$$

其中，EC 代表碳排放强度因子，Q 是企业的产量或业务量，ER 为对企业先期减排成效的配额奖励。

（四）广东试点

广东碳排放权交易试点启动于2013年12月19日，其市场规模在所有试点中位列第一，覆盖了全省超过一半的碳排放量。

1. 配额构成

广东试点控排企业的配额包括控排企业配额和储备配额两类，其中储备配额包括新建项目企业配额和市场调节配额。

2. 分配原则及核定方法

广东碳排放交易体系初始配额分配也是采取"祖父制+基准制"相结合的方法，并且也参考上海做法对基年进行动态调整，当企业的边际产能发生较大变化时，要从变化的次年开始计算基期。

对于纯发电机组、水泥熟料生产与粉磨工序、长流程钢铁企业等，广东试点采取"基准制"原则分配初始配额，其计算公式为（熊灵等，2016）：

$$EA = EC \times HQ \times d \tag{4-8}$$

其中，HQ 为控排企业2010~2012年的平均产量或业务量，EC 是碳强度因子，d 代表主管部门要求企业每年排放下降的目标系数。

相应地，对于热电联产、水泥矿山开采和其他粉磨工序、短流程钢铁企业等，广东试点则采用"祖父制"原则分配初始配额，计算公式为（熊灵等，2016）：

$$EA = HE \times d \tag{4-9}$$

其中，HE 为控排企业 2010 ~ 2012 年的年平均碳排放量，d 代表主管部门要求企业每年排放下降的目标系数。

（五）湖北试点

湖北是国内交易最活跃的试点市场，湖北碳排放权交易试点启动于 2014 年 4 月 2 日。成立之初纳入了 138 家高耗能企业，碳排放规模占全省排放总量的 35%。2017 年 12 月，湖北省被评选为全国碳交易体系的注册中心。

1. 配额构成

湖北试点的碳排放配额分为三部分：年度初始配额、新增预留配额和政府预留配额。其中，年度初始配额 = 2010 年纳入企业碳排放总量×97%；新增预留配额 = 碳排放配额总量 -（年度初始配额 + 政府预留配额）；政府预留配额 = 碳排放配额总量×8%。

2. 分配原则及核定方法

湖北试点的分配原则与广东试点类似，对电力行业之外的其他工业行业主要采用基于历史排放的"祖父制"分配原则，并根据企业的产能变化进行动态调整。此外，湖北试点的主管部门将初始配额分为两个部分：预分配配额 EA_1 和事后调节配额 EA_2（熊灵等，2016）。

预分配配额采用"祖父制"原则计算，计算方法是历史排放量经总量调整系数调整后的一半，即：

$$EA_1 = HE \times CF \times 1/2 \tag{4-10}$$

其中，HE 为 2009 ~ 2011 年企业的年平均碳排放量，CF 是总量调整系数。

事后调节配额主要是用于额外发电的情形，这部分配额采用"基准制"原则计算，即：

$$EA_2 = B \times Q_{超额发电} \tag{4-11}$$

其中，B 表示发电机组的碳排放强度标杆值，$Q_{超额发电}$ 是控排单位的超额发电量。

（六）深圳试点

深圳碳排放权交易市场是我国第一个区域碳交易市场，成立于 2013 年 6 月 18 日。除了深圳本地企业，深圳试点交易体系内还纳入了 13 家来自内蒙古包头市的企业。

1. 配额构成

深圳试点控排企业的配额可细分为预分配配额、调整分配配额、新进入者储备配额、拍卖配额、价格平抑储备配额。

2. 分配原则及核定方法

作为经济特区与改革先行者，深圳试点的碳交易市场机制的设计比其他地区更加细化和灵活。深圳试点的初始排放配额分配方法在"基准制"的基础上增加了独具一格的"多轮博弈"特色（熊灵等，2016）。

对于电力、燃气和供水企业，深圳试点采取基于产品的"基准制"分配原则，配额计算方法为：

$$EA = B \times Q \qquad\qquad (4-12)$$

由于制造行业的子行业繁杂，政府很难把握纳入交易范围的企业未来配额需求的变化，因此采取基于行业碳强度的"基准制"分配原则，通过企业间的竞争博弈来确定配额数量。为此，政府会设定行业配额总量，制定博弈的规则并组织实施博弈。

具体地，深圳试点根据不同的产品属性和经济规模，将控排企业划分为若干个博弈分配群组。通过分析统计数据，深圳试点确定了每个群组在 2009~2011 年的碳排放总量、企业增加值和碳排放强度。基于这些数据，设定了 2013~2015 年的碳强度基准值和配额量。在这一机制下，同一群组内的企业需同时提交其配额需求和预期增加值，以此参与配额分配的博弈过程。政府通过精心设计集体约束、个体约束、团队约束以及奖惩和信号传递机制，确保企业所提供的信息真实可靠，并与既定的行业减排目标保持一致。这种创新的分配方式的核心优势在于，它将政府与企业间的传统博弈转变为企业间的博弈。通过促进信息的传递、共享和交换，不仅提高和增强了配额分配的透明度和公平性，还有效地推动了企业间的协作，共同实现更为合理的配额分配方案，进而达到整体的减排目标（熊灵等，2016）。

（七）重庆试点

重庆碳排放权交易试点启动于 2014 年 6 月 19 日，涵盖了电力、水泥、钢铁、电解铝、铁合金、碳化钙、氢氧化钠七大行业企业，排放量约占全市碳排放总量的 40%。重庆试点的交易对象不只有 CO_2，还涵盖了其他温室气体，包括 CH_4、N_2O、HFCs、PFCs 和 SF_6。

1. 配额构成

重庆试点控排企业的配额包括基本配额和调整配额。

2. 分配原则及核定方法

重庆试点与其他试点的分配方法都不同，既不是基于历史排放的"祖父制"，也没采用基于行业标杆的"基准制"，而是提出了"分配基数+配额调整"的创新分配思路，实施步骤分为三步：企业自主申报需求量、政府发放配额、政府根据企业实际产出和排放进行调整。在这个过程中，政府只负责将年度配额总量控制在纳入控排范围企业 2008~2012 年最高的年度排放量之和，并作为基准配额总量。

根据重庆试点的相关规定，控排企业配额申报量之和低于年度配额总量控制上限的，其年度配额按申报量确定。申报量之和高于年度配额总量控制上限的，分不同情形确定年度配额。

情形一：企业配额申报量如果高于其历史最高年度排放量，以二者平均量作为其年度配额分配基数；企业配额申报量如果低于其历史排放量，以申报量作为其年度配额分配基数。

情形二：企业配额分配基数之和如果低于年度配额总量控制上限，其年度配额则按分配基数确定；如果企业配额分配基数之和超过年度配额总量控制上限，则按分配基数所占权重确定。

采用这种分配方式的原因在于，政府认为最了解企业排放情况和减排潜力的是企业本身，应尽量弱化政府的行政干预。尽管这种方式给了企业很大的自主决定权，但也存在很大的道德风险问题。从实践情况来看，这种方式的确导致了市场启动前期配额发放过量、市场交易活跃度低等问题。

二 配额发放方式

为了增强企业的参与积极性，国内大部分交易试点采取了免费发放配额的分配方法，只有广东省采取免费发放和竞价拍卖相结合的配额发放方式。根据广东省的分配方案，电力部门95%（其他部门97%）的配额将实行免费发放，剩余部分采取市场竞价拍卖。

事实上，在市场建设初期，绝大部分试点地区的制度设计中考虑了免费与有偿相结合的配额发放方式。例如，北京市规定每年留出不超过总量5%的配额以供调节，这部分配额通过政府定价销售或竞价拍卖等方式用于调节碳市场价格，以维持市场稳定。湖北省规定预留的调节配额比例上限为10%，其中3%要用于竞价拍卖以确定市场价格，其余将用于稳定市场价格。深圳市也规定了竞价拍卖和政府定价两种配额发放方式，其中至少3%的年度配额要用于竞价拍卖，而且市场投资者也可以参与竞价来购买配额，政府将根据市场情况逐年提高用于拍卖的配额比例；而对于政府定价销售的部分配额，主要用于稳定市场价格，只有控排企业才能购买以完成履约目标。表4-1列示了市场建设初期7个试点地区对碳排放配额发放方式的机制设计。

表4-1 7个碳试点地区关于初始配额发放方式的机制设计

单位：%

项目	北京	天津	上海	广东	湖北	深圳	重庆
免费发放比例	≥95	100	100	≤97	≥90	≤95	100
竞价拍卖比例	<5	0	0	≥3	≤3	≥3	0
定价销售比例	<5	0	0	0	≤7	≥2	0

资料来源：笔者整理。

但是，由于现实实施过程中各种不确定性的干扰，绝大部分碳交易试点市场没能达到理论上的完美状态，价格呈现较大波动。为了稳定市场价格，目前国内几大试点的政府部门在发放初始排放配额时都会预留部分配额，用于后期市场价格调节。当市场价格过高时，政府可以作为一个参与主体，向控排企业销售部分配额；当市场价格低迷时，政府将以市场价格回购部分配额。

三 抵消机制

抵消机制主要有两种：一是允许企业存储当期剩余的配额，用于抵消企业未来可能发生的超额排放量；二是用经国家核证的自愿减排量（CCER）抵消企业产生的排放量。目前国内几大试点地区基本已允许企业跨期存储配额，即如果企业在履约期末有剩余配额，允许将其用于下一履约期可能超额的排放，但只能跨一期，而不是无限存储。为了提升市场交易活跃度，湖北试点规定用于存储的配额必须是至少参与过一次市场交易的配额。

CCER 作为具有国家公信力的碳资产，目前已被认定为碳排放权交易的补充机制，可作为控排企业履约标准，即控排企业可以使用 CCER 抵消其部分经确认的碳排放量。各试点均规定了可以将 1 个 CCER（水电项目除外）视作 1 个碳配额，用于抵消企业 1 吨二氧化碳当量的排放。但是，对于如何抵消和抵消条件，各个试点又略有不同。

根据北京试点的规定，重点控排企业虽然可以使用 CCER 抵消其排放量，但是这一比例不能高于其当年排放配额的 5%；如果是实行北京市行政范围以外的项目所产生的 CCER，其抵消比例不能超过当年配额的 2.5%。

天津试点对于 CCER 的地域和排放边界没有具体规定，但是要求使用 CCER 抵消的排放量不能超过企业当年实际排放量的 10%。

上海试点要求只能使用企业排放边界范围外的 CCER 进行抵消，且抵消比例不能超过企业年度配额总量的 5%。根据《上海市 2018 年碳排放配额分配方案》，CCER 的使用比例已不能超过企业年度基本配额的 1%。

广东试点要求控排企业用于抵消的 CCER 必须有至少 70% 是产生于广东省辖区内的项目，且不得使用其排放边界内的 CCER 进行抵消，抵消比例不能超过企业初始配额的 10%。

湖北与广东类似，也是要求只能使用湖北省行政区域内的温室气体自愿减排项目产生的 CCER，排放边界范围内的 CCER 不可用于抵消，抵消比例不能超过初始配额的 10%。

深圳试点对 CCER 产生的行政范围没有严格要求，但是也规定了必须是企业排放边界范围外的 CCER 才能用于抵消，且抵消比例不能超过初始配额的 10%。

重庆对 CCER 的来源和范围均无特别的限制，只提出企业利用 CCER 抵消其碳排放量的比例不得超过其审定排放量的 8%。

目前国内几大交易试点的运行尽管为全国和其他区域碳市场建设奠定了经验性基础，但是也反映出不少现实困难和问题。就初始排放配额分配机制设计而言，几大试点普遍存在配额过量、有失公平（尤其是对减排先行者）、重复计算、基准不统一、规则不透明等问题，这为全国碳市场建设与运行提供了宝贵的经验教训。

4.2 全国碳市场初始配额分配方案

2020 年 12 月 30 日，生态环境部发布《2019—2020 年全国碳排放权交易配额总量设定与分配实施方案（发电行业）》，正式出台全国碳市场的初始配额分配方式，对发电行业（含其他行业自备电厂）在 2013～2019 年中任一年排放达到 2.6 万吨二氧化碳当量（综合能源消费量约 1 万吨标准煤）及以上的企业或其他经济组织中 300MW 等级以上常规燃煤机组（包括纯凝发电机组和热电联产机组）、300MW 等级及以下常规燃煤机组、燃煤矸石/煤泥/水煤浆等非常规燃煤机组（含燃煤循环流化床机组）和燃气机组四个类别，全部采用免费形式，基于"基准制"发放初始配额，包含由于使用化石能源产生的直接二氧化碳排放和净购入电力所产生的间接二氧化碳排放。

值得一提的是，中央主管部门（生态环境部）并没有划定一个全国总的排放限额，而是采取"自下而上"的方式，让各地方主管部门（省级生态环境厅/局）根据本地的历史排放情况，采用"基准制"核定各个重点排放单位的配额数量，加总形成省级行政区域的配额总量，再进一步加总形成全国碳排放权配额总量。

根据《2019—2020 年全国碳排放权交易配额总量设定与分配实施方案（发电行业）》，纳入交易机制的重点排放单位的发电机组配额量（单位：tCO_2）等于机组供电和供热的碳排放配额量之和。其中，燃煤（或燃气）机组供电的碳排放配额量（A_e）计算公式为：

$$燃煤机组：A_e = Q_e \times B_e \times F_r \times F_l \times F_f \tag{4-13}$$

$$燃气机组：A_e = Q_e \times B_e \times F_r \tag{4-14}$$

其中，Q_e 是机组的实际供电量（单位：MWh），B_e 是机组所属类别的供电基准值（单位：tCO_2/MWh），F_r、F_l 和 F_f 分别是机组的供热量修正系数、冷却方式修正系数和负荷系数修正系数，具体如表 4-2 所示。

表 4-2　2019~2020 年各类别机组碳排放配额量核定修正系数

修正系数名称	机组类别	修正系数值
F_r（供热量修正系数）	燃煤机组	1−0.22×供热比
	燃气机组	1−0.6×供热比
F_l（冷却方式修正系数）	水冷	1.0
	空冷	1.05
F_f（负荷系数修正系数）	$F \geqslant 85\%$	1.0
	$80\% \leqslant F < 85\%$	$1+0.0014 \times (85-100F)$
	$75\% \leqslant F < 80\%$	$1.007+0.0016 \times (80-100F)$
	$F < 75\%$	$1.015^{(16-20F)}$

注：表中 F_f 的值仅针对常规燃煤纯凝发电机组，其他类别机组的 F_f 值取 1。F 为机组负荷系数（单位：%）。

资料来源：《2019—2020 年全国碳排放权交易配额总量设定与分配实施方案（发电行业）》和《常规燃煤发电机组单位产品能源消耗限额》（GB 21258—2017）。

机组供热的碳排放配额量（A_h）计算公式为：

$$A_h = Q_h \times B_h \tag{4-15}$$

其中，Q_h 是机组的实际供热量（单位：GJ），B_h 是机组所属类别的供热基准值（单位：tCO_2/GJ）。

供电基准值（B_e）和供热基准值（B_h）如表 4-3 所示。

表 4-3　2019~2020 年各类别机组碳排放配额量核定参考基准

机组类别	机组范围	供电基准值（tCO_2/MWh）	供热基准值（tCO_2/GJ）
1	300MW 等级以上常规燃煤机组	0.877	0.126
2	300MW 等级及以下常规燃煤机组	0.979	0.126
3	燃煤矸石、水煤浆等非常规燃煤机组（含燃煤循环流化床机组）	1.146	0.126
4	燃气机组	0.392	0.059

资料来源：《2019—2020 年全国碳排放权交易配额总量设定与分配实施方案（发电行业）》。

第 5 章

全国碳排放权限额交易仿真模拟分析

在已有研究基础上，本章首先基于各排放单位的投入与产出数据构建了一个"多投入—多产出"的技术框架，进而采用参数化的产出方向距离函数（Directional Distance Function，DDF）估算二氧化碳排放的影子价格，在此基础上模拟得到各单位二氧化碳减排的边际成本曲线；基于各单位的边际减排成本曲线，进一步从完全竞争性假设角度出发，以各理性排放单位的碳减排成本最小化为目标，确定在实现政府要求的总减排目标任务约束下，各单位在达到市场均衡状态时的二氧化碳减排量以及碳排放权配额的市场均衡价格。由于各地区和各单位的技术水平、生产条件等存在较大的差异，能源消费和对应的二氧化碳排放也会有很大不同，而这些差异导致各地区、各单位面临不同的二氧化碳减排成本。碳市场的存在，不仅有助于各单位实现减排成本最小化，也有利于通过市场化手段厘清碳价格，为实施低碳发展的其他政策措施（如碳税等）提供重要参考。

5.1 模型构建

一 二氧化碳排放的影子价格

本章采用微观经济学生产理论，构建能同时考虑多种投入和产出要素的方向距离函数（DDF），估算各单位二氧化碳排放的影子价格，并在此基础上进一步推导各单位二氧化碳减排的边际成本曲线。边际减排成本代表了各单位在技术给定前提下减少最后一单位碳排放的利润损失，这不仅契合了经济学理论中的"机会成本"的内涵，还符合二氧化碳不易捕捉和封存，只能通过减少高排放的化石能源投入、调整投入要素结构和控制产出来减排的特性（McKitrick，1999；Yang and Pollitt，2010；魏楚，2014）。为了弥补传统的谢泼德距离函数（Shephard Distance Function，SDF）无法同时考虑增长期望产出和减少非期望产出的不足，Chung 等（1997）于 20 世纪末提出了DDF 方法。关于 DDF 的具体说明，可参考林伯强和刘泓汛（2015）的研究。该函数时常用于测算能源环境绩效，如林伯强和杜克锐（2013）、Zhang 和Choi（2014）的研究。由于产出方向的 DDF 与收益函数之间存在数学对偶关系，因此，随着气候变化问题日益突出，近年来 DDF 可用于求解二氧化碳排放的影子价格的优势逐渐受到学界的高度重视，该方法的思路具体如下。

令向量 $X = (x_1, \cdots, x_M) \in R_+^M$ 代表各单位的投入要素，例如劳动、资本和能源；$D = (d_1, \cdots, d_I) \in R_+^I$ 代表各单位的期望产出，一般用各单位的经济产出代表；$U = (u_1, \cdots, u_J) \in R_+^J$ 代表各单位的非期望产出，一般表示各单位的污染物或二氧化碳排放。用以上投入和产出要素定义一个包含环境影响的生产技术如下：

$$T = \{(X, D, U) : X \text{ 能生产}(D, U)\} \tag{5-1}$$

如果用生产可能性集描述以上生产技术（Picazo-Tadeo et al.，2005），则：

$$P(X) = \{(D, U) : (X, D, U) \in T\} \tag{5-2}$$

这种同时存在期望产出与非期望产出的联合生产需满足三个条件：投入要素和期望产出强可处置、期望产出与非期望产出联合弱可处置，以及期望产出与非期望产出联合生产的零交集性：

$$
\begin{aligned}
&\text{I 若}(D, U) \in P(X) \text{且} D' \leqslant D, \text{则}(D', U) \in P(X) \\
&\text{II 若}(D, U) \in P(X) \text{且} 0 \leqslant \theta \leqslant 1, \text{则}(\theta D, \theta U) \in P(X) \\
&\text{III 若}(D, U) \in P(X) \text{且} U = 0, \text{则} D = 0
\end{aligned}
\tag{5-3}
$$

具体地，假设有 $n = 1, 2, \cdots, N$ 个决策单元（Decision Maker Unit，DMU），在规模报酬不变[①]的前提下，上述生产技术可表示为：

———————————

① 规模报酬不变是规模报酬分析中最成熟的形式，在相关研究文献中得到广泛应用。

$$T = \left\{ (X,D,U) : \sum_{n=1}^{N} z_n X_n \leqslant X, \sum_{n=1}^{N} z_n D_n \geqslant D, \sum_{n=1}^{N} z_n U_n = U \right\}$$
$$z_n \geqslant 0, n = 1, 2, \cdots, N$$

(5-4)

式（5-4）表明技术前沿面上的投入和非期望产出不能大于实际的投入和非期望产出，技术前沿面上的期望产出不能小于实际的非期望产出。这表现在图 5-1 中即基于各个决策单元所构造的外包络曲线。

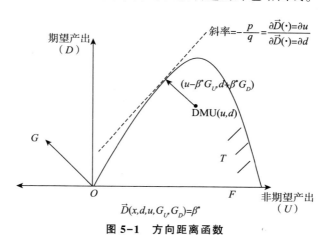

图 5-1　方向距离函数

进一步地，定义一个用于测量各决策单元环境绩效的 DDF 如下：

$$\vec{D}(X,D,U;G) = \sup\{\beta : (D+\beta G_D, U-\beta G_U) \in P(X)\}$$

(5-5)

其中，$G = (G_D, -G_U) \in R_+^I \times R_+^J$ 为方向向量，表示期望产出与非期望产出的变化方向及大小。β 表示与技术前沿面上假定有效的 DMU 参照单元相比，待估 DMU_0 的期望产出（非期望产出）可以增加（减少）的程度。当 $\beta = 0$ 时，意味着 DMU_0 正好位于技术前沿面上，此时是最有效率的。β 越大，则 DMU_0 的效率越低，表明其期望产出（非期望产出）可增加（减少）的潜力越大。

为了求取非期望产出的影子价格，需要进一步将方向距离函数与收益函数联系起来。令 $P = (P_1, \cdots, P_I) \in R_+^I$ 和 $Q = (Q_1, \cdots, Q_J) \in R_+^J$ 分别代表期望产出和非期望产出的价格，由于方向距离函数满足非负性特征，因此，生产者考虑非期望产出成本（即负收益）的收益函数（Maximal Revenue Function，MRF）可定义为：

$$R(X,P,Q) = \text{Max}\{PD-QU \colon \vec{D}(X,D,U;G) \geqslant 0\} \tag{5-6}$$

式（5-6）的经济含义为：在给定期望产出价格 P 和非期望产出价格 Q 的前提下，生产者投入 X 所能获得的最大收益。根据 Färe 等（2006）的研究，DDF 和 MRF 之间可以通过式（5-7）联系起来。

$$\vec{D}(X,D,U;G) \leqslant \frac{R(X,P,Q)-(PD-QU)}{PG_D+QG_U} \tag{5-7}$$

也即：

$$\vec{D}(X,D,U;G) = \text{Min}_{P,Q}\left\{\frac{R(X,P,Q)-(PD-QU)}{PG_D+QG_U}\right\} \tag{5-8}$$

根据包络定理，得到如下影子价格模型：

$$\nabla_D\vec{D}(X,D,U;G) = \frac{-P}{PG_D+QG_U} \leqslant 0 \tag{5-9}$$

$$\nabla_U\vec{D}(X,D,U;G) = \frac{Q}{PG_D+QG_U} \geqslant 0 \tag{5-10}$$

通过谢泼德引理（Shephard's Lemma）可以得到非期望产出与期望产出的影子价格相对比值等于其边际转换率（Marginal Rate of Transformation，MRT），即单位期望产出变化所导致的非期望产出的相对变化量。如果采用参数化的 DDF 形式，该比值便等于 DDF 分别对非期望产出和期望产出的一阶导数的比值。[①] 给定某一种期望产出的价格 P_i（或者将其标准化为1），那么非期望产出的影子价格 Q_j 就可以表示为：

$$Q_j = -P_i\left(\frac{\partial\vec{D}(X,D,U;G)/\partial U_j}{\partial\vec{D}(X,D,U;G)/\partial D_i}\right), j=1,\cdots,J \tag{5-11}$$

因为参数化的 DDF 表达式可以通过微分和代数处理得到各个 DMU 的非期望产出的影子价格（魏楚，2014），而非参数化的方法难以求取导数，所以，

---

① 若采用非参数化 DDF 形式，该比值即为对偶线性规划中非期望产出与期望产出约束条件的对偶值（魏楚，2014）。

本章采用参数化方法求解非期望产出（此处即二氧化碳排放）的影子价格。

进一步地，一般可以选择超越对数函数和二次型函数拟合模型。考虑到二次型函数在生产技术类型设定方面相较超越对数函数存在显著优势（Färe et al.，2010），因此，本章采用二次型函数来构建 DDF。

具体地，令方向向量 G =（1，−1），方向向量一般根据研究需要或政策偏好等因素自主设定，这里的设定表明期望产出的扩张与非期望产出的缩减是对称的，满足一般环境规制要求。假设在 $t = 1$，2，$\cdots$，T 个时期内，存在 $n = 1$，2，$\cdots$，N 个决策单元，通过 $m = 1$，2，$\cdots$，M 种投入，得到 $i = 1$，2，$\cdots$，I 种期望产出和 $j = 1$，2，$\cdots$，J 种非期望产出，那么 DDF 可设定为：

$$
\begin{aligned}
\vec{D}(x_n^t, d_n^t, u_n^t; 1, -1) = {} & \alpha + \sum_{m=1}^{M} \alpha_m x_{mn}^t + \sum_{i=1}^{I} \beta_i d_{in}^t + \sum_{j=1}^{J} \phi_j u_{jn}^t + \\
& \frac{1}{2} \sum_{m=1}^{M} \sum_{m'=1}^{M} \alpha_{mm'} x_{mn}^t x_{m'n}^t + \frac{1}{2} \sum_{i=1}^{I} \sum_{i'=1}^{I} \beta_{ii'} d_{in}^t d_{i'n}^t + \frac{1}{2} \sum_{j=1}^{J} \sum_{j'=1}^{J} \phi_{jj'} u_{jn}^t u_{j'n}^t + \\
& \sum_{m=1}^{M} \sum_{i=1}^{I} \delta_{mi} x_{mn}^t d_{in}^t + \sum_{m=1}^{M} \sum_{j=1}^{J} \eta_{mj} x_{mn}^t u_{jn}^t + \sum_{i=1}^{I} \sum_{j=1}^{J} \mu_{ij} d_{in}^t u_{jn}^t
\end{aligned}
\tag{5-12}
$$

进一步地，通过设定个体虚拟变量（S_n）和时间虚拟变量（$Time_t$），可以考虑到不同地区间的个体异质性和时间趋势，即：

$$
\alpha = \alpha_0 + \sum_{n=1}^{N} Ds_n S_n + \sum_{t=1}^{T} Dt_t Time_t \tag{5-13}
$$

其中，$S_n = \begin{cases} 1, & n = n' \\ 0, & n \neq n' \end{cases}$，$Time_t = \begin{cases} 1, & t = t' \\ 0, & t \neq t' \end{cases}$。$Ds_n$ 和 Dt_t 分别代表个体虚拟变量和时间虚拟变量的待估系数。

为了求解 DDF 中的未知参数，本章采用线性规划的方法进行估计，意在给定约束条件下对资源进行合理配置，以实现最优目标，如式（5-14）所示。其中，目标函数的含义是：最小化所有 DMU 同技术前沿面的离差和，也即实现全局范围内的环境绩效最优。约束条件（ⅰ）表明 DDF 的非负性特征，约束条件（ⅱ）至（ⅳ）表明 DDF 对非期望产出和投入要素的非单调递减性和对期望产出的非单调递增性（Marklund and Samakovlis，2007）。约束条件（ⅴ）和（ⅵ）分别表明参数的可转换性和对称性。

$$\text{Min}\left\{\sum_{t=1}^{T}\sum_{n=1}^{N}\left[\vec{D}(x_n^t,d_n^t,u_n^t;1,-1)-0\right]\right\}$$

（ⅰ）$\vec{D}(x_n^t,d_n^t,u_n^t;1,-1)\geqslant 0,n=1,\cdots,N;t=1,\cdots,T$

（ⅱ）$\partial\vec{D}(x_n^t,d_n^t,u_n^t;1,-1)/\partial u_j\geqslant 0,j=1,\cdots,J;n=1,\cdots,N;t=1,\cdots,T$

（ⅲ）$\partial\vec{D}(x_n^t,d_n^t,u_n^t;1,-1)/\partial d_i\leqslant 0,i=1,\cdots,I;n=1,\cdots,N;t=1,\cdots,T$

（ⅳ）$\partial\vec{D}(x_n^t,d_n^t,u_n^t;1,-1)/\partial x_m\geqslant 0,m=1,\cdots,M;n=1,\cdots,N;t=1,\cdots,T$

$$(\text{V})\begin{cases}\sum_{i=1}^{I}\beta_i-\sum_{j=1}^{J}\gamma_j=-1,\quad i=1,\cdots,I;j=1,\cdots,J\\[2mm]\sum_{i=1}^{I}\beta_{ii'}-\sum_{j=1}^{J}\mu_{ij}=0,\quad i=1,\cdots,I;j=1,\cdots,J\\[2mm]\sum_{j'=1}^{J}\phi_{jj'}-\sum_{i=1}^{I}\mu_{ij}=0,\quad i=1,\cdots,I;j=1,\cdots,J\\[2mm]\sum_{i=1}^{I}\delta_{mi}-\sum_{j=1}^{J}\eta_{mj}=0,\quad m=1,\cdots,M;i=1,\cdots,I;j=1,\cdots,J\end{cases}$$

$$(\text{ⅵ})\begin{cases}\alpha_{mm'}=\alpha_{m'm},m'\neq m\\\beta_{ii'}=\beta_{i'i},i'\neq i\\\phi_{jj'}=\phi_{j'j},j'\neq j\end{cases}\tag{5-14}$$

根据式（5-14）的设定，式（5-9）和式（5-10）所确定的影子价格模型可表示为：

$$\frac{\partial\vec{D}^t(x_n^t,d_n^t,u_n^t;1,-1)}{\partial d_i}=\beta_i+\sum_{i'=1}^{I}\beta_{ii'}d_{i'n}^t+\sum_{m=1}^{M}\delta_{mi}x_{mn}^t+$$
$$\sum_{j=1}^{J}\mu_{ij}u_{jn}^t\leqslant 0,i=1,\cdots,I\tag{5-15}$$

$$\frac{\partial\vec{D}^t(x_n^t,d_n^t,u_n^t;1,-1)}{\partial u_j}=\phi_j+\sum_{j=1}^{J}\phi_{jj'}u_{j'n}^t+\sum_{m=1}^{M}\eta_{mj}x_{mn}^t+$$
$$\sum_{i=1}^{I}\mu_{ij}d_{in}^t\geqslant 0,j=1,\cdots,J\tag{5-16}$$

通过 $q_{nj}^t=-p_{ni}^t\left(\dfrac{\partial\vec{D}(x_n^t,d_n^t,u_n^t;1,-1)/\partial u_{nj}^t}{\partial\vec{D}(x_n^t,d_n^t,u_n^t;1,-1)/\partial d_{ni}^t}\right)$，便可以求得各单位非

期望产出（如二氧化碳排放）的影子价格。

二 边际减排成本曲线

基于二氧化碳排放的影子价格，可进一步估算各单位二氧化碳减排的边际成本曲线，即额外减少一单位二氧化碳排放所需要付出的成本。边际减排成本曲线则刻画了不同减排比例下的边际减排成本。因为随着减排比例的增加，减排难度加大，所以边际减排成本曲线具有单调递增的特点（李陶等，2010）。为了反映边际减排成本递增且增速不断上升的特征，已有文献在函数形式的选择上主要采用了对数形式（Nordhaus，1991）、二次函数曲线形式（Ellerman and Decaux，1998）和指数形式（Capros et al.，1997）。参考 Cui 等（2014）的研究，本章选用 2018 年诺贝尔经济学奖得主 Nordhaus 提出的经典对数形式：

$$MC_n(\rho_n) = \gamma_n \times \ln(1-\rho_n) \tag{5-17}$$

其中，$MC_n(\rho_n)$ 为边际减排成本，ρ_n 为可以减排的比例，γ_n 为待估参数。极端情况下，污染物减排到 0 的成本应该无穷大，也即 $\rho_n \to 1$，则 $MC_n(\rho_n) \to +\infty$，这与上一部分影子价格测度中的"联合生产"设定是一致的。这里，由于每一个决策单元 n 的边际减排成本曲线不一致，所以需要基于历史数据采用变系数面板数据模型来进行估计，如式（5-18）所示。

$$MC_n(\rho_{nt}) = \gamma_n \times \ln(1-\rho_{nt}) + \varepsilon_{nt} \tag{5-18}$$

通过变系数面板数据模型可以估计得到所有 DMU 的边际减排系数 γ_n。假设基准情形下的排放量为 E_n，减排量为 A_n，则边际减排成本曲线可表示为：

$$MC_n(A_n) = \gamma_n \times \ln\left(1 - \frac{A_n}{E_n}\right) \tag{5-19}$$

三 市场均衡

对于第 n 个 DMU 的减排量 A_n，其减排成本如式（5-20）所示。

$$C_n = \int_0^{A_n} \left[\gamma_n \times \ln\left(1 - \frac{x}{E_n}\right) \right] \mathrm{d}x$$

$$= x\left[\gamma_n \times \ln\left(1 - \frac{x}{E_n}\right) \right] \Bigg|_0^{A_n} - \int_0^{A_n} \left(\gamma_n x \frac{-1/E_n}{1 - x/E_n} \right) \mathrm{d}x \qquad (5-20)$$

$$= -\gamma_n(E_n - A_n)\ln\left(1 - \frac{A_n}{E_n}\right) - \gamma_n A_n$$

假设碳交易市场是一个完全竞争市场，每一个交易主体都满足经济学理性假说。因此，他们会通过衡量自身减排成本和在市场上购买剩余配额的成本来做出理性的决策，从而使自己的减排成本最小化。这种理性机制可以用如下目标函数加以描述：

$$\operatorname*{Min}_{A_n} \{ \pi_n = C(A_n) + EP \times (V_n - A_n) \} \qquad \forall n = 1, \cdots, N \qquad (5-21)$$

其中，EP 代表碳排放配额的市场均衡价格，V_n 代表每个交易主体基于其初始排放配额的减排需求。显然，当市场出清时，每个主体的实际减排量之和要等于政府给定的初始限额，这是式（5-21）的目标函数所需满足的约束条件：

$$\sum_{n=1}^{N} A_n = \sum_{n=1}^{N} V_n \qquad (5-22)$$

式（5-21）的一阶条件可表示为：

$$A_n = E_n \left[1 - \exp\left(\frac{EP}{\beta_n}\right) \right] \qquad (5-23)$$

将式（5-23）代入式（5-22）可得到碳价格的表达式为：

$$\sum_{n=1}^{N} E_n \left[1 - \exp\left(\frac{EP}{\beta_n}\right) \right] = \sum_{n=1}^{N} V_n \qquad (5-24)$$

显然，式（5-24）是一个关于 EP 的隐函数，因此需要进一步构建如下函数，通过迭代算法求解得到 EP 的值。

$$f(EP) = \sum_{n=1}^{N} E_n \left[1 - \exp\left(\frac{EP}{\beta_n}\right) \right] - \sum_{n=1}^{N} V_n \qquad (5-25)$$

至此，代入相关数据，通过以上模型便可计算得到碳交易市场上各个交易主体的角色、交易规模和交易价格。

5.2 全国碳排放权交易仿真模拟

全国性碳市场目前尚处于建设阶段，未正式运行。根据政府要求，第一阶段将只纳入电力行业的部分企业进行试运行，但是这些企业层面的排放数据目前还处于统计阶段，尚未公布。而且，随着市场建设和运行的逐步推进以及关于气候变化和碳减排的国际压力与日俱增，在不远的将来，碳市场势必将很快覆盖各个行业领域。

基于以上考虑，本章将以除西藏和港澳台外的 30 个省份为单位，对全国性碳交易市场运行进行仿真模拟，这与我国国民经济发展规划的基本情况是吻合的，对全国碳交易市场运行具有重要参考意义。

一　数据来源及处理

参考大量已有文献的主流做法，本章考虑三种投入要素——资本（K）、劳动（L）和能源（E），以经济产出作为唯一的期望产出（Y），以二氧化碳排放作为唯一的非期望产出（C），采集了 1997~2014 年中国除西藏和港澳台外 30 个省份共计 540 个样本点来构建模型，以估计全国各地区的二氧化碳边际减排成本曲线。

采用 1997~2014 年的数据来校准模型参数主要是因为，在这个时间段之前，大部分试点省份还没有开始碳交易或者交易量非常清淡，因此不会对这 7 个试点省份的碳排放数据造成"污染"，从而造成对碳边际减排成本曲线的有偏估计。此外，由于碳边际减排成本曲线是相对稳定的，所以可以有效地用于后续年份的仿真模拟。原始数据来源于 CEIC 数据库。投入与产出变量的指标及其解释说明见表 5-1。

表 5-1　投入与产出变量和数据说明

类别	变量	说明
投入（X）	资本（K）	1997~2008 年各地区资本数据来源于单豪杰（2008），2009~2014 年各地区资本存量数据采用永续盘存法进行估算。为消除通货膨胀影响，采用"固定资产投资价格指数"平减到 2000 年不变价。单位为十亿元

类别	变量	说明
投入（X）	劳动（L）	代理指标为各地区"就业人口数"。单位为百万人
	能源（E）	采用各地区分能源品种（煤油、汽油、柴油、燃料油、原油、原煤、焦炭、天然气等）消费量加总数据。单位为百万吨标准煤
期望产出（Y）	经济产出	采用基于 2000 年不变价格的各地区实际 GDP。单位为十亿元
非期望产出（C）	碳排放	目前国内暂时还没有这么长时间的关于各地区二氧化碳排放量的官方统计数据。本章通过各地区每种能源品种消耗量乘以其各自的二氧化碳排放系数后加总得到各地区二氧化碳排放量，二氧化碳排放系数来源于 IPCC 报告（Meinshausen et al.，2009）。单位为百万吨

为清晰展示中国经济发展的区域特征，本章综合考虑经济发展和地理空间等因素，进一步将 30 个样本省份划分为三大区域：东部、中部和西部。东部地区涵盖 11 个省份：北京、天津、河北、辽宁、山东、江苏、上海、浙江、福建、广东和海南。中部地区涵盖 8 个省份：黑龙江、吉林、山西、河南、安徽、湖北、湖南和江西。西部地区涵盖 11 个省份：内蒙古、宁夏、陕西、重庆、四川、贵州、广西、云南、甘肃、青海和新疆。表 5-2 分三个区域对各变量进行了描述性统计分析。

从表 5-2 不难看出，东部、中部、西部地区经济发展程度呈现递减趋势，东部地区实际 GDP 均值超过 12000 亿元，但中部地区还不到 7000 亿元，西部地区甚至不到 4000 亿元，这还不及东部地区均值的 1/3。全国 GDP 均值约为 7862 亿元，标准差却近 8371 亿元，可见中国经济发展呈现很大的贫富差距和区域特征。受经济发展驱动，东部地区是主要的能耗和碳排放来源，但是东部地区的能耗和碳排放水平与中西部地区之间的差异小于 GDP 水平的差异，表明东部地区能源利用效率较高，能源强度和碳强度水平较低，这与东部地区技术先进有关。从资本和劳动数据来看，东部地区比中西部地区有更大的资本投入优势，而中部地区的劳动要素投入在三个区域中最高，这可能是由于近年来随着中部崛起战略的实施，中部地区经济增长促使西部地区劳动力向中部地区转移，甚至东部地区部分劳动人口向中部地区回流。

表 5-2 变量原始数据描述性统计分析结果

变量	单位	样本量	最大值	最小值	均值	标准差
东部地区						
K	十亿元	198	16023.43	63.79	2951.20	2987.97
L	百万人	198	87.15	3.27	27.31	19.80
E	百万吨标准煤	198	388.99	3.90	121.62	91.73
Y	十亿元	198	5125.42	39.76	1250.84	1107.08
C	百万吨	198	1289.41	7.53	342.57	296.73
中部地区						
K	十亿元	144	9090.25	219.86	1512.72	1522.59
L	百万人	144	77.92	11.20	30.21	15.01
E	百万吨标准煤	144	236.47	20.28	94.63	50.55
Y	十亿元	144	2376.31	14.04	697.70	490.66
C	百万吨	144	1062.12	72.91	337.24	224.21
西部地区						
K	十亿元	198	6552.89	52.81	941.48	1112.69
L	百万人	198	62.87	2.55	18.00	12.56
E	百万吨标准煤	198	205.75	7.07	62.88	43.68
Y	十亿元	198	1934.85	20.22	385.86	364.47
C	百万吨	198	1029.99	16.00	206.18	179.08
全国						
K	十亿元	540	16023.43	52.81	1830.71	2260.39
L	百万人	540	87.15	2.55	24.67	16.97
E	百万吨标准煤	540	388.99	3.90	92.89	71.31
Y	十亿元	540	5125.42	20.22	786.18	837.05
C	百万吨	540	1289.41	7.53	291.14	247.85

进一步地,为模拟全国碳交易情况还需提出如下两个基本假设。

假设 1:根据中国政府在哥本哈根会议上的承诺,假定到 2020 年,中国单位 GDP 的二氧化碳排放量(即碳强度)比 2005 年下降 45%,即相当于平均每年下降 3.9%[①],于是可以计算得到 2020 年的碳强度水平。

---

① 本章对既定的完成目标不予考虑。例如,某地区如果已在 2014 年或之前完成了 45% 的碳强度下降目标,这并不代表这个地区可以不再继续接受碳排放约束,它还是必须接受碳强度平均每年下降 3.9% 的约束。

假设 2：参考最近几年中国省级层面的经济增长速度，假定 2014～
2020 年中国实际 GDP 按年均 8% 的增长率增长，于是可计算得到 2020 年
的实际 GDP 水平。

同时，考虑两种分配方案：一是按照各地区平均原则，到 2020 年，每
个省份的碳强度均比 2005 年下降 45%，并且实际 GDP 都按照年均 8% 的速
度增长，于是可计算得到 2020 年各个省份的碳排放权配额；二是考虑到各
个地区人口数量，采用人均分配减排配额原则，计算各个地区 2020 年的碳
排放权配额。具体计算过程如图 5-2 所示。

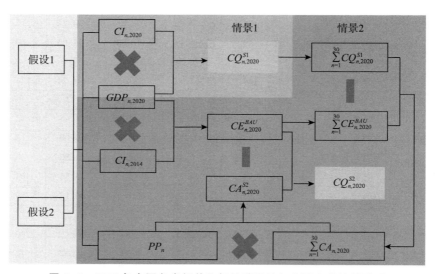

图 5-2 2020 年全国各省级单位初始碳排放权分配方案情景说明

注：$CI_{n,2014}$ 和 $CI_{n,2020}$ 分别代表每个省份（$n = 1, 2, \cdots, 30$）2014 年和 2020 年的碳强
度，$CQ_{n,2020}^{S1}$ 和 $CQ_{n,2020}^{S2}$ 分别代表每个省份在两种情形 $S1$ 和 $S2$ 下的初始碳排放权配额，
$\sum_{n=1}^{30} CQ_{n,2020}^{S1}$ 代表满足假设条件下 2020 年全国总的碳排放权配额，$CE_{n,2020}^{BAU}$ 是不减排（基
准）情形下每个省份 2020 年的碳排放量，$\sum_{n=1}^{30} CE_{n,2020}^{BAU}$ 是基准情形下全国碳排放总量。用
$\sum_{n=1}^{30} CE_{n,2020}^{BAU}$ 减去 $\sum_{n=1}^{30} CQ_{n,2020}^{S1}$ 即可得到 2020 年全国碳减排总量 $\sum_{n=1}^{30} CA_{n,2020}$。$PP_n$ 表示每个
省份的人口比重，它乘以 $\sum_{n=1}^{30} CA_{n,2020}$ 即可得到 2020 年第 n 个省份的碳减排量 $CA_{n,2020}^{S2}$，由
此可推导得到第二种分配方案——"人人有责"下各个省份的初始碳排放权配额。

二 模拟结果及讨论

（一）二氧化碳排放的影子价格与减排潜力

把各地区投入产出数据代入模型，可以计算得到每个地区对应的 β 值和二氧化碳排放的影子价格。正如前文所言，β 是一个比值，其含义为每个地区可改进环境绩效空间的最大程度，也即潜在的二氧化碳减排空间。β 越接近 1，表明这个地区的减排潜力越大；β 等于 0，表明这个地区的绩效水平正好位于环境技术前沿面上。同时，这里的影子价格即本章所测算的二氧化碳边际减排成本（MAC）。

表 5-3 报告了各地区的 MAC 和 $1-\beta$ 的描述性统计信息。结果表明，虽然大部分年份有达到前沿面的地区，但数量非常少，除 2011 年和 2012 年比较突出外，其他年份即便有，也只是零星几个省份达到前沿面，可见绝大部分地区的二氧化碳排放还存在技术可行的绩效改进空间。

表 5-3 二氧化碳排放的影子价格和减排潜力的描述性统计信息 （$N=30$）

年份	指标	最大值	最小值	均值	中位数	标准差	前沿面上的单位数量（个）
1997	MAC	814.15	620.43	756.23	757.91	39.88	3
	$1-\beta$	1.00	0.19	0.54	0.46	0.27	
1998	MAC	805.80	589.85	751.81	758.86	44.70	2
	$1-\beta$	1.00	0.18	0.54	0.47	0.24	
1999	MAC	813.43	618.13	753.36	759.30	43.53	0
	$1-\beta$	0.99	0.17	0.50	0.46	0.22	
2000	MAC	816.73	612.10	755.89	759.00	45.47	0
	$1-\beta$	0.97	0.17	0.51	0.48	0.21	
2001	MAC	812.09	622.58	742.97	751.26	50.03	1
	$1-\beta$	1.00	0.19	0.52	0.49	0.20	
2002	MAC	817.49	585.11	748.18	759.51	53.59	1
	$1-\beta$	1.00	0.16	0.54	0.51	0.20	
2003	MAC	833.04	554.43	741.95	757.69	62.78	1
	$1-\beta$	1.00	0.14	0.56	0.54	0.22	

年份	指标	最大值	最小值	均值	中位数	标准差	前沿面上的单位数量（个）
2004	MAC	830.03	538.66	735.60	742.45	69.73	2
	$1-\beta$	1.00	0.17	0.57	0.55	0.23	
2005	MAC	845.72	523.40	716.36	735.06	79.46	1
	$1-\beta$	1.00	0.16	0.59	0.56	0.24	
2006	MAC	838.89	463.05	695.29	721.53	98.06	1
	$1-\beta$	1.00	0.18	0.60	0.58	0.25	
2007	MAC	822.19	394.11	683.57	711.33	105.24	2
	$1-\beta$	1.00	0.20	0.62	0.60	0.25	
2008	MAC	823.18	346.43	668.84	705.06	116.57	1
	$1-\beta$	1.00	0.23	0.64	0.64	0.24	
2009	MAC	839.91	295.86	659.31	699.82	121.89	0
	$1-\beta$	0.98	0.21	0.63	0.64	0.24	
2010	MAC	824.68	209.31	630.41	679.68	141.33	1
	$1-\beta$	1.00	0.23	0.67	0.67	0.25	
2011	MAC	847.78	126.93	596.71	642.20	162.08	7
	$1-\beta$	1.00	0.27	0.71	0.74	0.26	
2012	MAC	854.42	143.05	600.52	647.37	164.64	6
	$1-\beta$	1.00	0.21	0.70	0.73	0.26	
2013	MAC	862.55	143.05	580.69	628.28	173.43	2
	$1-\beta$	1.00	0.21	0.61	0.59	0.25	
2014	MAC	890.28	143.05	605.78	658.27	185.44	2
	$1-\beta$	1.00	0.11	0.55	0.56	0.26	

注：影子价格的单位为元/吨，β 无量纲。

从 $1-\beta$ 的均值来看，全国能源利用效率还比较低，平均有近 60% 的减排潜力。$1-\beta$ 的中位数表明，2014 年，全国还有一半的省份可以至少改进 56% 的碳排放绩效，部分省份减排潜力甚至接近 90%。

由于 1997~2014 年全国的平均产出约为 7862 亿元，平均二氧化碳排放约为 2.91 亿吨，这意味着过去 18 年，如果中国每个省份都达到绩效最佳水平，全国平均每年可以增加产出 138682 亿元，同时可以减少二氧化碳排放约 51. 36 亿吨。

图 5-3 展示了 6 个省级碳交易试点（北京、天津、上海、湖北、重庆和广东）的边际减排成本变化趋势。结果显示，1997～2014 年，各省份的碳边际减排成本均呈现下降趋势。其中，广东的下降趋势最为明显，从 715. 8 元/吨 CO_2 下降到 143. 0 元/吨 CO_2。

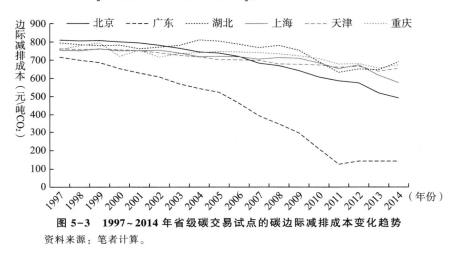

图 5-3　1997～2014 年省级碳交易试点的碳边际减排成本变化趋势

资料来源：笔者计算。

类似地，图 5-4 展示了 6 个省级碳交易试点（北京、天津、上海、湖北、重庆和广东）的减排潜力变化趋势。可见，北京、上海和天津的减排

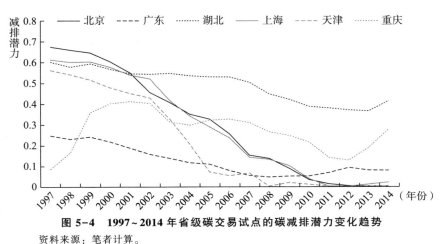

图 5-4　1997～2014 年省级碳交易试点的碳减排潜力变化趋势

资料来源：笔者计算。

潜力，相对于其他地区变化较大。湖北和广东的变化较小，但 2003～2014 年湖北的减排潜力远高于其他地区。重庆则呈现较大的波动性特征。

（二）二氧化碳边际减排成本曲线

在测算了影子价格之后，本章采用变系数面板数据模型，估计得到各省份二氧化碳边际减排成本曲线。模型中的 Gama 系数（γ）决定了边际减排成本曲线的"陡峭"程度，定义为边际减排难度系数。从经济学含义来看，γ 应该小于 0，而且其绝对值越大，边际减排成本增长越快。

表 5-4 分东中西部地区展示了 γ 绝对值的分布情况。

表 5-4 分区域边际减排难度系数（γ）绝对值的统计性描述信息

地区	省份个数	最大值	最小值	均值	中位数	标准差
东部	11	3.72	0.72	1.66	1.20	0.95
中部	8	3.06	0.45	1.30	1.02	0.84
西部	11	1.93	0.44	0.99	0.83	0.58
全国	30	3.72	0.44	1.32	1.02	0.82

资料来源：笔者计算。

图 5-5 按照各省份边际减排难度系数进行了排序。可以看出，在 30 个省份中，海南省的减排难度最大，浙江省难度排名第四，γ 绝对值较大

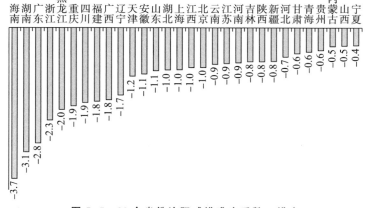

图 5-5 30 个省份边际减排难度系数 γ 排序

资料来源：笔者计算。

的还有湖南、广东等，这些省份基本上位于东部地区；减排难度系数绝对值最小的宁夏、山西、内蒙古、贵州和青海等地，绝大部分位于西部地区。

图 5-6 描绘了 30 个省份的边际减排成本曲线。

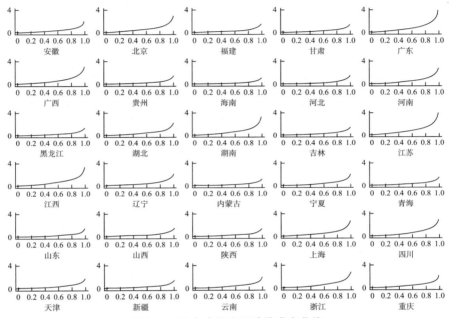

图 5-6　30 个省份边际减排成本曲线

资料来源：笔者计算。

（三）二氧化碳排放权初始分配方案

图 5-7 对比了三种情形下 30 个省份 2020 年的碳排放量或初始碳排放权配额。其中，基准情形表示如果不考虑碳减排（即忽视中国政府在哥本哈根会议上的碳减排承诺），各省份碳强度水平从 2014 年起不再变化，各省份实际 GDP 按照年均 8% 的速度增长，到 2020 年各省份的碳排放量；情景 1 和情景 2 表示考虑了碳排放约束（到 2020 年，中国碳强度比 2005 年下降 45%）下各省份的碳排放量配额。不同的是，情景 1 设定各个省份的碳强度均需下降 45%；而情景 2 考虑了不同省份的人口数量，假定每个人需要承担相同的减排任务，于是按照各个省份的人口比重分配全国总的碳

减排量，从而计算得到各省份的初始碳排放权配额。

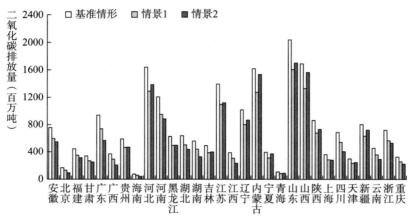

图 5-7　不同情形下 2020 年中国 30 个省份二氧化碳排放量

初始分配配额

资料来源：笔者计算。

　　根据估计结果，如果不施加减排约束，到 2020 年，全国二氧化碳排放量将达到约 220 亿吨，其中浙江省排放量约为 7 亿吨。如果考虑 45% 碳强度约束，到 2020 年，全国二氧化碳排放量为 173 亿吨，即在该约束下，2020 年全国总减排目标为 47 亿吨。如图 5-7 所示，在情景 1 下，按照地区均分原则，2020 年获得碳排放权配额最多的 5 个省份依次为山东、山西、河北、内蒙古和江苏，这 5 个省份占了全国总排放权配额的 38.1%；获得碳排放权配额最少的 5 个省份依次为海南、青海、北京、天津和重庆；浙江的初始排放配额约为 5.6 亿吨。

　　在情景 2 下，即如果考虑人口因素，获得碳排放权配额最多的 5 个省份仍然是山东、山西、内蒙古、河北和江苏，此时这 5 个省份占据了全国总排放配额的 42.2%；而获得碳排放权配额最少的 5 个省份依次为海南、青海、北京、广西和重庆；浙江的初始排放配额约为 5.3 亿吨。

（四）全国碳交易市场出清模拟结果

　　上文计算得到两种情形下 2020 年中国各省份二氧化碳排放权初始配额，即模型中的 $CQ_{n,2020}^{S1}$ 和 $CQ_{n,2020}^{S2}$，可以用基准情形下的排放量分别减去

$CQ_{n,2020}^{S1}$ 和 $CQ_{n,2020}^{S2}$，即可得到两种情形下各省份 2020 年需要减排的量，也即模型中的 V_n（此处可得到 $V_{n,2020}^{S1}$ 和 $V_{n,2020}^{S2}$ 两个序列，其中 $n = 1$，2，…，30）。将上文计算结果代入模型，通过迭代即可计算得到碳交易市场出清时各省份的最优减排量 A_n 和碳排放权交易价格 EP。与科斯定理一致，两种情形下，最终市场出清时的市场交易价格与初始碳排放权分配无关，计算结果约为 214 元/吨 CO_2。尽管目前中国碳交易的价格尚未达到这个水平，但是根据国家发展改革委的说法，从长期来看，每吨 300 元的碳价是真正能够发挥绿色低碳引导作用的价格标准。这里因为还没有考虑碳排放的环境外部性成本，所以得到的每吨 214 元的价格比国家发展改革委的估计低，亦是合理的。

图 5-8 描绘了两种情形下各省份碳排放权交易量，正数代表市场出清时，该地区还需购买碳排放配额；负数代表有剩余配额可供销售。可见，浙江、安徽、北京、福建、广东、湖南、四川等为碳排放权主要的购买方，这些省份的共同点是经济发展水平和能源使用效率较高，进一步减排的机会成本高于购买碳排放权所需支付的成本，所以在一个完全竞争的碳排放权交易市场上，这些省份倾向于购买碳排放权，而非自己减排。与之相对应，贵州、河北、内蒙古、宁夏、山西等省份则是碳排放权主要的销售方。

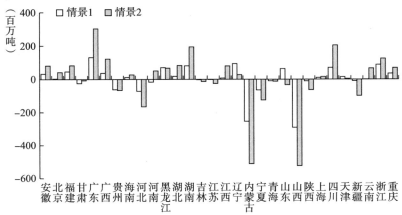

图 5-8　两种情形下 2020 年中国 30 个省份碳排放权交易情况

资料来源：笔者计算。

由于两种情形下的初始碳排放权配额不同，所以交易的规模存在一定差别。以浙江为例，如果按照地区平均原则，那么 2020 年浙江还需购买 8857 万吨 CO_2；如果按照每个人的减排责任均等原则分配初始配额，那么浙江则需要购买 12505 万吨 CO_2。与之相对应，内蒙古地处中国西部内陆地区，经济发展水平较低，减排潜力较大，地广人稀，人口比重仅为 1.8%。在情景 1 下，内蒙古在完成自身减排任务之余，还可卖出 25435 万吨 CO_2；在情景 2 下，由于得到更多的初始排放权配额，内蒙古甚至可以卖出 51236 万吨 CO_2。

进一步地，我们对比了有市场交易机制与没有市场交易机制情形下，各省份碳强度的变化幅度与减排成本，结果如表 5-5 所示。

表 5-5　2020 年我国 30 个省份碳强度相对于 2014 年变化幅度与减排成本

省份	碳强度变化（%）			碳减排成本变化（亿元）		
	无碳市场		有碳市场	无碳市场		有碳市场
	情景 1	情景 2		情景 1	情景 2	
北京	-21.3	-44.4	-19.4	40.3	194.1	33.4
福建	-21.3	-29.5	-10.9	201.2	400.4	50.7
广东	-21.3	-39.5	-7.2	651.1	2431.9	71.5
海南	-21.3	-42.5	-5.6	66.5	291.2	4.3
河北	-21.3	-15.5	-25.6	288.4	149.7	426.3
江苏	-21.3	-19.6	-21.4	301.7	253.9	305.3
辽宁	-21.3	-14.7	-12.0	413.8	193.8	127.6
山东	-21.3	-16.5	-18.1	530.5	314.6	381.2
上海	-21.3	-22.8	-18.5	92.1	106.7	69.1
天津	-21.3	-17.8	-16.3	87.3	60.2	50.2
浙江	-21.3	-26.3	-8.9	400.1	626.5	67.5
安徽	-21.3	-27.8	-17.0	212.1	371.1	132.7
河南	-21.3	-26.8	-22.6	245.1	399.4	279.3
黑龙江	-21.3	-20.8	-10.0	309.2	295.2	65.9
湖北	-21.3	-31.4	-18.4	162.9	371.1	120.9
湖南	-21.3	-41.5	-6.7	417.3	1735.1	39.7
吉林	-21.3	-19.1	-21.8	104.3	83.7	109.8
江西	-21.3	-40.1	-19.5	93.6	360.5	78.0

续表

省份	碳强度变化（%）			碳减排成本变化（亿元）		
	无碳市场		有碳市场	无碳市场		有碳市场
	情景 1	情景 2		情景 1	情景 2	
山西	−21.3	−7.4	−38.6	180.4	20.9	638.1
甘肃	−21.3	−26.2	−28.4	53.0	81.9	97.2
广西	−21.3	−44.4	−11.3	160.8	775.2	43.6
贵州	−21.3	−20.5	−31.7	80.4	74.4	186.9
内蒙古	−21.3	−5.3	−37.0	182.5	10.7	589.8
宁夏	−21.3	−5.8	−37.7	43.4	3.0	146.3
青海	−21.3	−18.9	−30.1	15.5	12.1	32.1
陕西	−21.3	−15.1	−22.5	176.3	86.3	197.8
四川	−21.3	−40.9	−11.1	305.2	1225.4	79.4
新疆	−21.3	−10.1	−22.4	164.8	35.3	183.9
云南	−21.3	−35.7	−21.0	100.1	300.1	97.9
重庆	−21.3	−31.7	−10.5	153.7	355.6	35.7
总计	—	—	—	6233.6	11620.0	4742.1

资料来源：笔者计算。

仍然以浙江为例，计算结果表明，如果没有碳排放权市场交易机制，按照到 2020 年全国碳强度比 2005 年下降 45% 计算，如果政府实行各省份碳强度下降幅度一致的限额制，那么浙江 2020 年碳强度要比 2014 年下降 21.3%，需要付出的碳减排成本超过 400 亿元；如果政府考虑每个人应该承担相同的减排责任，则碳强度下降幅度为 26.3%，此时浙江的碳减排成本为 626.5 亿元。但是，如果存在市场交易机制，浙江会选择在市场上购买一部分排放配额而非由自身完成所有减排目标，此时浙江的碳强度只需下降 8.9%，减排成本也仅为 67.5 亿元。相比于没有碳交易的情形，节省了 333 亿元和 559 亿元。

而对于一些省份，如山西、贵州、青海等，由于其本身减排潜力较大，所以在存在市场交易机制时会选择比初始分配目标更大的减排幅度，而将多余的指标卖给有需求的地方，所以此时这些省份的减排成本会比没有市场交易机制时更高。但只要碳排放权交易价格介于买卖双方的单位减排成本之间，这种交易对双方就都存在帕累托改进。

总的来看，存在市场交易机制时，全国减排成本为4742.1亿元，比没有市场交易机制时的两种情景分别节约了1491.5亿元和6877.9亿元，这个数字相当于印度尼西亚2015年的GDP水平（在全球GDP排名中居第16位）。

5.3 本章小结

本章首先基于各省份的投入与产出数据，构建了一个"多投入—多产出"的技术框架，并据此估算了二氧化碳排放的影子价格。在此基础上，通过模拟分析，得到了各省份二氧化碳减排的边际成本曲线。进一步地，依据这些边际减排成本曲线，本章对比分析了不同情形下各省份的初始配额分配方案。在确保实现政府设定的总减排目标的前提下，本章确定了各省份在市场均衡状态下的二氧化碳减排量及其对应的减排成本。基于上述分析，本章得出以下结论。

第一，在碳排放总量限额的前提下，无论是"祖父制"还是"基准制"分配原则，各省份之间减排配额都存在很大差异，并且同一地区减排配额的绝对量在不同分配原则下差异显著；从初始配额分配来看，东部地区"基准制"原则下的减排配额要大于"祖父制"原则下的减排配额，而西部地区则恰恰相反，"祖父制"原则下的减排配额更大。这主要是因为东部地区经济发达，电力消耗量大，其发电量相比中西部地区要大很多，发电清洁化技术相对中西部地区也更先进，而中西部地区则相反，尤其是中西部地区发电机组相比东部地区落后，电力生产的清洁化水平相对较低。

第二，碳减排难度系数的估计结果表明，中国的减排潜力存在较大的地区差异，各地区存在不同的碳边际减排成本，大部分东部省份的碳减排难度显著高于西部省份。减排难度的地区差异意味着可以通过交易减排配额降低全国整体的碳减排成本。

第三，市场模拟的均衡结果表明，多数东部省份需要购买碳排放配额，而中西部省份则是市场中配额的主要提供者，这与碳减排难度反映的地区减排成本差异的本质一致。碳交易机制促进了碳排放权在不同省份之间的交易，交易量能够较好地反映碳交易市场的活跃度并促进碳排放资源的优化配置。模拟交易市场出清的碳交易价格表明，碳交易价格随着总量限额的减少而提高，并且市场出清价格与初始配额分配无关，这与科斯定理的结论较为一致。

第四，碳交易市场显著降低了全国碳减排成本，具有良好的经济效益。随着碳减排量的增长，碳交易市场带来的成本节约增大，"基准制"方案比"祖父制"方案能够带来更大的成本节约，这主要由于"基准制"下的初始分配更加偏离各省份最优减排组合。省际交易使得各省份可以通过买人或卖出碳排放权，或者通过自身减排，降低减排成本，并且获得正收益。

| 第6章 |

我国碳排放权限额交易体系效果评价

为了检验碳排放权限额交易体系在中国的实践效果，本章构建了双重差分（Difference-in-Difference，DID）模型，基于国内各个碳交易试点的实施运行情况及相关的经济社会指标，对我国碳排放权限额交易体系实践的有效性进行量化评价。

前面的章节已经对碳排放权限额交易的理论和国际经验进行了比较全面的介绍。理论上，碳排放权限额交易已经成为国际公认的有效的减排机制，不仅能够保证完成既定的减排目标，还能实现各减排主体的帕累托改进。实践中，由于信息不对称、交易成本等假设很难满足，碳排放权限额交易的实施效果并不一定能够达到理想状态，需要配套政策予以调整或支持（Zhu et al.，2020）。虽然欧洲和北美在碳排放权限额交易体系的运行上为中国和世界其他地区的碳市场建设和运行提供了宝贵的经验教训，但是由于各个地区的经济社会背景不一样，所以我国碳排放权市场建设和运行可以并且应该参考欧美经验，但不能完全照搬。事实上，2013 年以来，国内几个区域性碳交易试点的实践已经为国内建设全国性碳排放权交易体系积累了很多宝贵的经验教训。对碳试点的实践效果和影响进行科学评价，并从中吸取经验教训，对于我国全国碳市场建设和运行具有重要参考价值。

由于数据限制，目前国内外对我国碳市场运行的影响评价研究可以分为基于仿真模拟数据的情景分析和基于碳试点实际统计或调研数据的分析。由于运行时长和规模限制，基于试点实际数据的我国碳交易试行效果和影响研究尚以定性分析为主，或是简单的描述性统计分析，部分研究尝试通过构建数学模型，探讨我国碳排放权限额交易体系的实施效果和影响。

关于碳排放权限额交易体系的实施效果和影响的量化研究，目前主要集中在以下几个方面：一是研究碳排放权限额交易体系的碳减排效果，代表性研究如 Lin 和 Jia（2017）、Schäfer（2019）；二是分析碳排放权限额交易体系对宏观经济的影响，代表性研究如 Wang 等（2015）、Marin 等（2018）；三是研究碳排放权限额交易体系对技术进步的影响，代表性研究如 Mo 等（2016）、Calel 和 Dechezlepretre（2016）以及 Bel 和 Joseph（2018）。理论上，碳排放权限额交易体系的优势在于能够以较低成本（较之行政命令式的减排方式）实现碳减排。然而，目前鲜有研究探讨中国碳排放权限额交易体系试点是否实现了这一效果。

为了回答这一问题，本章首先构造了一个低碳绩效指标（Low-Carbon Performance，LCP）。该指标基于生产过程中的投入要素、经济产出和碳排放量，衡量了各减排主体/区域在生产投入要素既定前提下，是否能以较低的经济产出损失实现碳减排目标。在此基础上，本章基于中国碳交易试点数据构建了一个 DID 模型，评估中国试点碳排放权限额交易体系的实施是否显著提高了各地区的低碳绩效。

6.1　方法介绍及数据处理

一　非径向生产距离函数

本章参考 Zhang 和 Choi（2014）的研究，采用非径向生产距离函数（Non-radial Directional Distance Function，NDDF）测量各地区的 LCP。该方法的基本思想是：设定一个"多投入—多产出"的生产函数，其中不仅包含生产投入要素和经济产出，同时将污染物或碳排放等作为非期望产出纳入生产函数，测量各个决策单元（DMU）与技术前沿面的距离，以此来反映经济产出最大化且环境负面影响最小化的环境绩效。

运用 NDDF 测算绩效的关键在于确定每个 DMU 在前沿面上的参照点。图 6-1 直观地展示了 NDDF 较之传统的谢泼德距离函数和方向距离函数在确定参照点上的优势。

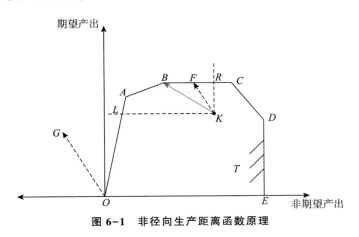

图 6-1 非径向生产距离函数原理

如图 6-1 所示，$OABCDE$ 所围成的区域代表一个生产可能性集，K 为其中一个决策单元。如果定义一个方向距离函数 G，那么用以度量 K 的效率的参照点则映射到前沿面上的 F 点；如果采用期望产出方向的谢泼德距离函数，K 点效率测度的参照点为 R；如果采用非期望产出方向的谢泼德距离函数，K 点效率测度的参照点则为 L；但如果使用 NDDF 方法，K 点效率测度的参照点可以是前沿面上 L 和 R 之间的任意一点。显然，在这个例子中，B 点才是最有效的参照点。B、F、R 三点的期望产出相等，但 B 点的非期望产出更少。BF 被定义为使用 DDF 产生的松弛偏差（Slack Bias）。

具体地，参考能源环境领域已有研究关于函数设定的做法（Wang et al.，2013；Li and Lin，2019；Zhu et al.，2019；Du and Li，2019；Bai et al.，2019），定义如下生产技术：

$$T=\{(K,L,E,Y,C):(K,L,E)\text{能生产}(Y,C)\} \qquad (6-1)$$

式（6-1）中，T 代表一个闭合环境生产技术集（Färe et al.，2007）；K、L、E 分别代表三种投入要素，即资本、劳动、能源；Y 代表期望产出，在本章中即经济合意产出；C 是非期望产出，在本章中即二氧化碳排放。用生产可能性集描述以上生产技术（Picazo-Tadeo et al.，2005），即：

$$P(K,L,E)=\{(Y,C):(K,L,E,Y,C)\in T\} \qquad (6-2)$$

根据 Färe 等（2007）的做法，这种同时存在期望产出与非期望产出的联合生产需要满足以下假设条件：一是投入要素和期望产出具备强可处置性；二是期望产出与非期望产出的联合集需满足弱可处置性；三是期望产出与非期望产出零交集。用数学式表达，即：

I 若 $(Y,C) \in P(K,L,E)$ 且 $Y' \leqslant Y$，则 $(Y',C) \in P(K,L,E)$

II 若 $(Y,C) \in P(K,L,E)$ 且 $0 \leqslant \theta \leqslant 1$，则 $(\theta Y, \theta C) \in P(K,L,E)$

III 若 $(Y,C) \in P(K,L,E)$ 且 $C = 0$，则 $Y = 0$

进一步地，假设存在 N 个 DMU，在规模报酬不变（Constant Return to Scale，CRS）前提下，T 可表示为：

$$
T = \left\{ (K,L,E,Y,C) : \begin{array}{l} \displaystyle\sum_{i=1}^{N} \lambda_i K_i \leqslant K \\[2mm] \displaystyle\sum_{i=1}^{N} \lambda_i L_i \leqslant L \\[2mm] \displaystyle\sum_{i=1}^{N} \lambda_i E_i \leqslant E \\[2mm] \displaystyle\sum_{i=1}^{N} \lambda_i Y_i \leqslant Y \\[2mm] \displaystyle\sum_{i=1}^{N} \lambda_i C_i \leqslant C \\[2mm] \displaystyle\sum_{i=1}^{N} \lambda_i = 1 \\[2mm] \lambda_i \geqslant 0, i = 1,2,\cdots,N \end{array} \right\} \tag{6-3}
$$

式（6-3）的本质是一个数据包络分析（Data Envelopment Analysis，DEA）的技术框架，因此这种反映了期望产出与非期望产出间弱可处置性的生产技术也被称作环境 DEA 技术（Färe and Grosskopf，2004）。在这个框架下，本章定义一个用于测量各 DMU 低碳绩效的 NDDF，如式（6-4）所示。

$$
\vec{D}(K,L,E,Y,C;\vec{g}) = \sup \left\{ w^{\mathrm{T}} \beta : (K,L,E,Y,C) + \mathrm{diag}(\beta) \cdot \vec{g} \in T \right\} \tag{6-4}
$$

式（6-4）所表示的 NDDF 可以解释为：在生产技术既定的前提下，生产者希望沿着 g_Y 方向尽量增加期望产出，同时沿着 $-g_K$、$-g_L$、$-g_E$、$-g_C$ 方向尽量减少资本、劳动力、能源投入以及非期望产出。其中，$w^{\mathrm{T}} = (w_K, w_L, w_E, w_Y, w_C)$ 为权重向量，表示各投入或产出要素的相对重要性，一般根据各自纳入模型的种类预先设定。参考 Zhou 等（2012）、Lin 和 Liu（2015）等已有研究的普遍做法，本章假设 $w = (1/9, 1/9, 1/9, 1/3, 1/3)$。$\beta = (\beta_K, \beta_L, \beta_E, \beta_Y, \beta_C)^{\mathrm{T}} \geq 0$ 为松弛向量，表示各要素相对前沿面上的参考点可增加或减少的比例；$G = (-g_K, -g_L, -g_E, g_Y, -g_C)$ 为方向向量，表示我们期望各要素是增加还是减少。因此，式（6-3）可以表示为：

$$\vec{D}(K, L, E, Y, C) = \mathrm{Max}\left(\frac{1}{9}\beta_K + \frac{1}{9}\beta_L + \frac{1}{9}\beta_E + \frac{1}{3}\beta_Y + \frac{1}{3}\beta_C\right)$$

$$\mathrm{s.\,t.}\begin{cases} \sum_{i=1}^{N} \lambda_i K_i \leq K - \beta_K g_K \\[2mm] \sum_{i=1}^{N} \lambda_i L_i \leq L - \beta_L g_L \\[2mm] \sum_{i=1}^{N} \lambda_i E_i \leq E - \beta_E g_E \\[2mm] \sum_{i=1}^{N} \lambda_i Y_i \leq Y + \beta_Y g_Y \\[2mm] \sum_{i=1}^{N} \lambda_i C_i \leq C - \beta_C g_C \\[2mm] \lambda_i \geq 0, i = 1, 2, \cdots, N \\[2mm] 0 \leq \beta_K, \beta_L, \beta_E, \beta_Y, \beta_C \leq 1 \end{cases} \quad (6\text{-}5)$$

基于式（6-5）的最优解 $\beta^* = (\beta_K^*, \beta_L^*, \beta_E^*, \beta_Y^*, \beta_C^*)$，本章定义一个低碳绩效指标（$LCP_i$）如下：

$$\begin{aligned} LCP_i &= \frac{1}{4}\left[\frac{Y_i/K_i}{(Y_i+\beta_{Y_i}^* Y_i)/(K_i-\beta_{K_i}^* K_i)} + \frac{Y_i/L_i}{(Y_i+\beta_{Y_i}^* Y_i)/(L_i-\beta_{L_i}^* L_i)} + \frac{Y_i/E_i}{(Y_i+\beta_{Y_i}^* Y_i)/(E_i-\beta_{E_i}^* E_i)} + \frac{Y_i/C_i}{(Y_i+\beta_{Y_i}^* Y_i)/(C_i-\beta_{C_i}^* C_i)}\right] \\[3mm] &= \frac{1}{4}\frac{(1-\beta_{K_i}^*) + (1-\beta_{L_i}^*) + (1-\beta_{E_i}^*) + (1-\beta_{C_i}^*)}{1+\beta_{Y_i}^*} \quad (6\text{-}6) \\[3mm] &= \frac{1-\frac{1}{4}(\beta_{K_i}^* + \beta_{L_i}^* + \beta_{E_i}^* + \beta_{C_i}^*)}{1+\beta_{Y_i}^*}, i = 1, 2, \cdots, N \end{aligned}$$

LCP_i 的值介于 0 和 1 之间，LCP_i 越大，说明该 DMU 的低碳绩效水平越高。当 LCP_i 等于 1 时，说明该 DMU 位于生产前沿面上。

为了检验模型估计结果的稳健性，本章采用上述方法同时构建另一个类似的指标——节能绩效（Energy Conservation Performance，ECP）。与 LCP 的测算不同，对于 ECP 的测算，假设权重矩阵 w =（0，0，1/3，1/3，1/3）。这个假设的意义为：不考虑对资本和劳动的节约，而将能源节约、二氧化碳减排和经济产出增加予以同样的重视。基于式（6-5）的最优解 $\beta^* = (\beta_E^*, \beta_Y^*, \beta_C^*)$，ECP 的计算公式如下：

$$ECP = \frac{\frac{1}{2}\left[(1-\beta_{E_i}^*) + (1-\beta_{C_i}^*)\right]}{1+\beta_{Y_i}^*} = \frac{2-(\beta_{E_i}^* + \beta_{C_i}^*)}{2 \times (1+\beta_{Y_i}^*)} \tag{6-7}$$

为了测算我国碳交易试点的实施效果，即碳交易对各地区低碳绩效的影响，本章收集了全国 10 个省份 2006~2016 年的历史数据。这些省份包括北京、天津、上海、广东、河北、辽宁、江苏、浙江、山东、海南。构建模型所需的数据包括资本、劳动和化石能源消费，以及各地区 GDP 和能源相关的二氧化碳排放量。由于没有现成的资本存量数据，本章借鉴永续盘存法（Perpetual Inventory Method，PIM），通过各地区的资本增量和折旧等数据计算得到各地区的资本存量。二氧化碳排放数据参考林伯强和刘泓汛（2015）等已有研究的普遍做法，由各地区能源消费的直接和间接排放估算得到。为了消除通货膨胀因素的影响，所有货币单位变量都折算为 2003 年的不变价格。表 6-1 对各变量进行了描述性统计分析。

表 6-1 测算低碳绩效的变量描述性统计分析结果

变量	单位	均值	标准差	最小值	最大值
资本（K）	亿元	8254.90	6952.76	136.39	23734.00
劳动（L）	千人	7072.50	4348.50	755.40	19732.80
能源（E）	百万吨标准煤	177.86	107.56	9.20	388.99
实际 GDP（Y）	亿元	2046.70	1383.40	98.80	6025.40
CO_2 排放（C）	百万吨	404.43	280.41	17.62	948.97

资料来源：历年《中国统计年鉴》、历年《中国能源统计年鉴》、CEIC 数据库。笔者整理。

二 双重差分法

双重差分法（Difference-in-Difference，DID）被广泛应用于评价政策的实施效果或影响。其基本思想是：将样本分为实施目标政策的实验组和未实施目标政策的对照组，通过构建计量模型，剔除其他变量影响，估计目标政策对不同组因变量的影响系数是否显著。在本章中，我们将 10 个样本省份划分为两组。

> 实验组：北京、天津、上海和广东；

> 对照组：河北、辽宁、江苏、浙江、山东和海南。

DID 模型可设定为：

$$LCP_{it} = \alpha_0 + \alpha_1 Time_{it} + \alpha_2 Treat_{it} + \alpha_3 (Treat_{it} \times Time_{it}) + \sum_{i=1}^{N} \beta_i X_{it} + \gamma Trend_{it} + \varepsilon_{it} \tag{6-8}$$

其中，i 代表每个地区，t 代表每一年。$Time_{it}$ 是时间虚拟变量，由于多数碳交易试点开始运行的时间是 2013 年，所以如果 t 在 2013 年之前，则 $Time_{it}=0$；如果 t 在 2013 年及之后，$Time_{it}=1$。与 $Time_{it}$ 类似，$Treat_{it}$ 是政策虚拟变量：对于已实施碳交易的实验组，$Treat_{it}=1$；对于未实施碳交易的对照组，$Treat_{it}=0$。X_{it} 是控制变量矩阵，包含了其他可能影响 LCP 的变量。本章考虑的控制变量包括各地区的经济规模（用实际 GDP 代表）、经济结构（用第二产业比重代表）、能源消费（用一次能源消费量代表）、能源结构（用清洁能源发电比重代表），以及技术水平（用各地区政府对科技研发的财政预算代表）等。$Trend_{it}$ 是时间变量，表示 LCP_{it} 随时间的自然变化趋势。

通过设置时间和政策虚拟变量，我们可以将样本分为两个维度共四组：2013 年之前的实验组，2013 年之前的对照组，2013 年及之后的实验组，2013 年及之后的对照组。因此，模型（6-8）中的实验组（$Treat_{it}=1$）可以表示为如下形式：

$$LCP_{it} = \begin{cases} \alpha_0 + \alpha_2 & \text{碳交易实施前}(Time_{it}=0) \\ \alpha_0 + \alpha_1 + \alpha_2 + \alpha_3 & \text{碳交易实施后}(Time_{it}=1) \end{cases} \tag{6-9}$$

对照组（$Treat_{it}=0$）可以表示为如下形式：

$$LCP_{it} = \begin{cases} \alpha_0 & \text{碳交易实施前}(Time_{it}=0) \\ \alpha_0 + \alpha_1 & \text{碳交易实施后}(Time_{it}=1) \end{cases} \quad (6-10)$$

显然，对于实验组而言，碳交易实施前后的 LCP 变化为 $\alpha_1 + \alpha_3$，而对照组实施碳交易前后的 LCP 变化为 α_1。因此，在对其他影响因素进行有效控制的前提下，碳交易对低碳绩效 LCP 的影响为以上两组变化的差值，即 $\alpha_1 + \alpha_3 - \alpha_1 = \alpha_3$，也即模型（6-8）中时间和政策交叉项 $Treat_{it} \times Time_{it}$ 的待估系数。

为了构建实证模型，本章从历年《中国统计年鉴》、历年《中国能源统计年鉴》，以及 CEIC 数据库中收集了相关数据。表 6-2 列示了控制变量的描述性统计分析结果。其中，本章对经济规模、能源消费和技术水平变量进行了对数化处理，其系数含义代表：当自变量提高 1% 时，对因变量（绝对值）的贡献。

表 6-2　DID 模型控制变量描述性统计分析结果

变量	样本量	均值	标准差	最小值	中位数	最大值
经济结构	70	0.49	0.12	0.26	0.53	0.61
经济规模	70	10.75	0.39	9.84	10.77	11.43
能源消费	70	9.58	0.91	7.22	9.93	10.57
能源结构	70	0.09	0.09	0.00	0.06	0.31
技术水平	70	15.40	1.35	11.16	15.83	16.83

资料来源：历年《中国统计年鉴》、历年《中国能源统计年鉴》、CEIC 数据库。笔者整理。

6.2　碳交易试点地区低碳绩效测算结果

图 6-2 描绘了 10 个省份 2006~2016 年的 LCP 水平。测算结果表明，各个地区的 LCP 都呈现上升趋势。这表明，中国东部地区整体而言在向低碳经济转型过渡。平均而言，实验组比对照组的 LCP 水平要高，这主要是得益于这些地区的经济发展水平较之对照组更高，同时高耗能、高排放的工业企业比重也相对较低。这也是国家选择这些地区先进行碳交易试点的原因之一，得益于其经济水平和经济结构，这些地区应对碳交易试点时期各种不确定因

素的能力更强。从单个地区的比较来看，浙江的 *LCP* 居这 10 个样本省份的前列，而河北的 *LCP* 在这 10 个样本省份中则处于最低的水平。同样，这在很大程度上是由这两个地区的经济水平和经济结构差异导致的。

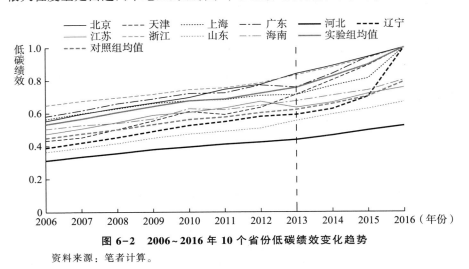

图 6-2　2006～2016 年 10 个省份低碳绩效变化趋势

资料来源：笔者计算。

图 6-3 描绘了碳交易实施（2013 年）前后的 *LCP* 核密度曲线。可以

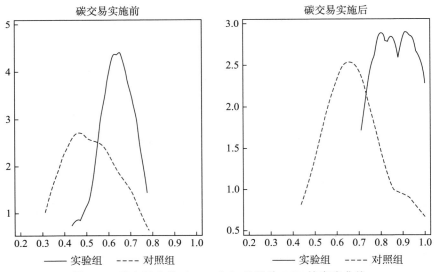

图 6-3　碳交易实施（2013 年）前后的 *LCP* 核密度曲线

资料来源：笔者计算。

看到，碳交易实施前后，实验组整体比对照组的分布都更偏右（表示 *LCP* 水平更高）。碳交易实施后，虽然两组的 *LCP* 都有所提高，但是实验组跟对照组的差异明显拉大了，实验组的 *LCP* 似乎提高更快、变化幅度更大。

6.3　碳交易对各试点地区低碳绩效的影响

一　参数估计结果

表 6-3 列示了 DID 模型的估计结果。

表 6-3　DID 模型参数估计结果

变量	LCP				ECP
	①	②	③	④	⑤
Time	0.113 *** (2.65)	−0.073 (−1.54)	−0.083 *** (−2.90)	−0.088 *** (−3.42)	−0.047 (−1.46)
Treat	0.115 *** (3.52)	−0.008 (−0.15)	−0.068 *** (−3.03)	−0.069 *** (−3.39)	1.861 ** (2.30)
Treat×Time	0.062 (1.18)	0.064 (1.38)	0.101 *** (4.22)	0.095 *** (4.18)	0.071 * (1.77)
Trend		0.039 *** (2.84)	0.022 ** (2.60)	0.027 *** (3.49)	0.140 ** (2.67)
经济结构		−0.428 *** (−4.69)	−0.299 *** (−3.60)	−0.077 (−0.54)	0.227 (0.40)
经济规模		0.181 *** (3.20)	0.303 *** (12.41)	0.179 *** (2.73)	−0.753 (−0.99)
能源消费			−0.037 *** (−3.05)	−0.119 *** (−2.93)	0.083 (0.33)
能源结构			0.977 *** (10.54)	0.951 *** (10.14)	0.006 (0.03)
技术水平				0.060 ** (2.19)	−0.261 (−1.23)

变量	LCP				ECP
	①	②	③	④	⑤
常数项	0.579 *** (20.81)	-1.154 ** (-2.13)	2.176 *** (-8.99)	-1.107 * (-1.85)	10.169 (1.58)
是否控制个体虚拟变量	否	否	否	是	是
调整的 R^2	0.392	0.622	0.875	0.887	0.927
样本量	70	70	70	70	70

注：括号内为 t 统计量。*** 代表 p<0.01，** 代表 p<0.05，* 代表 p<0.1。

其中，模型①至模型④是对 LCP 的逐步回归结果；模型⑤是对 ECP 的全变量回归结果，用于检验模型的稳健性。从表 6-3 模型③和模型④中 Treat×Time 的系数估计结果可以看出，在对经济规模和经济结构、能源消费和能源结构进行控制之后，碳交易对 LCP 具有显著影响，具体表现为：我国碳交易的实施促使低碳绩效水平提高了 10% 左右。当我们把 LCP 替换为 ECP 时，Treat×Time 的系数估计结果仍然呈现统计显著特征，具体表现为：我国碳交易的实施促使节能绩效水平提高了 7% 左右。

除了碳交易对 LCP 的影响，从表 6-3 模型④的估计结果来看，经济规模、能源结构和技术水平对 LCP 也存在显著的促进作用。具体而言，经济比较发达、电力结构比较清洁且技术水平比较高的地区，其低碳绩效水平也较高。从各个控制变量的系数大小来看，能源结构对低碳绩效的影响最大，可见从传统化石能源向可再生清洁能源转型对于实现低碳经济转型意义重大；经济发展水平对低碳绩效的影响也较大，这在一定程度上符合环境库兹涅茨曲线假说，特别是对于发展中国家治理环境污染和应对气候变化具有重大意义。

二　共同趋势和反事实检验

在 DID 模型中，虽然实验组和对照组不需要完全一致，但为了保证参数估计结果能够有效解释自变量（这里即碳交易）对因变量（这里即 LCP）的影响，要求对照组和实验组在政策实施前有共同的发展趋势（Angrist and Pischke，2008）。为了验证本章构建的模型是否满足这个条件，本节参考 Lima 和 Silveira-Neto（2018）的做法，以碳交易实施前三年为例，构建如下共同趋势检验（Common Trends Test）模型，检验在不存在碳交易的情形下，实验组与对照组是否存在共同趋势。

$$LCP_{it} = \gamma_0 + \gamma_1 \times Treat_{it} + \varphi_j \times \sum_{j=1}^{3} Time_j + \eta_j \times Treat_{it} \times$$
$$\sum_{j=1}^{3} Time_j + \varepsilon_{it} \tag{6-11}$$

式（6-11）中的 $Time_j$（$j=1$，2，3）是一个虚拟变量，其中：

$$Time_1 = \begin{cases} 1, t=2010 \\ 0, t\neq 2010 \end{cases} \quad Time_2 = \begin{cases} 1, t=2011 \\ 0, t\neq 2011 \end{cases} \quad Time_3 = \begin{cases} 1, t=2012 \\ 0, t\neq 2012 \end{cases}$$

如果实验组和对照组的 LCP 在未实施碳交易时就存在共同趋势，那么，共同趋势检验模型中待估参数 η_j 将不会存在统计显著特征，也即实验前对照组和实验组的双重差分不存在显著差异。

除了共同趋势，在 DID 模型中，另一个容易被质疑的点在于时间和政策虚拟变量的交叉项（$Treat \times Time$）系数的确反映了政策实施对因变量的影响，而不仅仅是一种巧合。为了对此进行检验，一种常用的做法是随机选择一个不太可能会受实验影响的因变量，替换原 DID 模型中的因变量，这种做法被称为反事实检验（Falsification Test）。本节以各地区的城镇劳动力（Urban Labor Force，ULF）的对数作为替代因变量，构建如下反事实检验模型：

$$\ln(ULF_{it}) = \zeta_0 + \zeta_1 Time_{it} + \zeta_2 Treat_{it} + \zeta_3(Treat_{it} \times Time_{it}) + \sum_{i=1}^{N} \psi_i X_{it} + \xi Trend_{it} + \varepsilon_{it} \tag{6-12}$$

如果碳交易对 LCP 的影响并非巧合，那么，反事实检验模型中的待估参数 ζ_3 将不存在统计显著特征。

表 6-4 列示了共同趋势检验和反事实检验的参数估计结果。检验结果表明，实验组和对照组在尚未实施碳交易的时候，存在共同趋势；另外，碳交易对 LCP 存在显著影响，这并非巧合。

表6-4　共同趋势和反事实检验模型估计结果

共同趋势检验模型		反事实检验模型	
变量	系数	变量	系数
$Treat$	0.128 *** (2.71)	$Time$	0.108 (1.56)
$Time_1$	−0.080 (−1.55)	$Treat$	−1.141 * (−1.78)
$Time_2$	−0.050 (−0.96)	$Treat×Time$	0.070 (1.16)
$Time_3$	−0.035 (−0.69)	$Trend$	−0.160 *** (−3.71)
$Treat×Time_1$	−0.018 (−0.22)	经济结构	−1.810 (−1.35)
$Treat×Time_2$	−0.014 (−0.17)	经济规模	2.208 *** (3.04)
$Treat×Time_3$	−0.018 (−0.22)	能源消费	−0.184 (−0.58)
		能源结构	−0.421 (−1.33)
		技术水平	0.244 (1.44)
常数项	0.611 *** (20.47)	常数项	−18.056 *** (−3.13)
是否控制个体虚拟变量	否	是否控制个体虚拟变量	是
调整的 R^2	0.22	调整的 R^2	0.99

注：括号内是 t 统计量。*** 代表 p<0.01，* 代表 p<0.1。

三　安慰剂检验

为了进一步验证参数估计结果的稳健性，本节参考 Liu 和 Li（2018）的研究，对模型进行了安慰剂检验（Placebo Test）。具体做法是：不同于表6-3 中的模型①至模型④，本节构建模型⑥、模型⑦和模型⑧。在模型⑥中，使用 2007~2013 年的数据对参数进行估计，并且假设碳交易的实施时间是 2010 年；在模型⑦中，使用 2008~2014 年的数据对参数进行估计，并且假设碳交易的实施时间是 2011 年；在模型⑧中，使用 2009~2015 年的数据对参数进行估计，并且假设碳交易的实施时间是 2012 年。

表 6-5 列示了安慰剂检验的模型估计结果。模型⑥和模型⑦中的交叉项（*Treat×Time*）系数均不显著，表明原 DID 模型④中的参数估计结果有效（Wing et al.，2018）。模型⑧中的交叉项（*Treat×Time*）系数则呈现统计显著特征，这是因为：虽然碳交易试点是从 2013 年开始实施的，但是国家发展改革委于 2011 年底就已经发布公告，对此提出了要求。因此，各个试点地区从 2012 年就已经开始建设并准备运行碳交易市场。并且，对碳交易的预期也会在很大程度上影响个体（特别是高排放地区和行业）的能耗行为，加速它们的低碳转型（Lima and Silveira-Neto，2018）。如果这个假设成立的话，那么碳交易对 *LCP* 的影响事实上会比模型③和模型④中的估计结果还要大。

表 6-5　安慰剂检验的模型估计结果

变量	模型⑥	模型⑦	模型⑧
Time	−0.008 (−0.69)	−0.032 ** (−2.61)	−0.030 * (−1.88)
Treat	0.171 (0.75)	0.455 * (1.97)	0.430 ** (2.28)
Treat×Time	0.015 (0.90)	0.015 (1.08)	0.039 ** (2.08)
Trend	0.033 * (1.99)	0.054 *** (4.12)	0.064 *** (4.66)
经济结构	0.308 (0.52)	0.768 (1.63)	0.618 (1.49)
经济规模	−0.077 (−0.39)	−0.192 (−1.44)	−0.153 (−0.83)
能源消费	0.095 (0.99)	0.096 (1.19)	0.064 (0.70)
能源结构	0.146 (1.02)	−0.032 (−0.19)	−0.028 (−0.12)
技术水平	−0.024 (−0.87)	−0.055 (−1.04)	−0.123 ** (−2.19)

变量	模型⑥	模型⑦	模型⑧
常数项	0.696 (0.44)	2.019 * (1.73)	3.053 ** (2.17)
是否控制个体虚拟变量	是	是	是
样本量	70	70	70
调整的 R^2	0.973	0.966	0.955

注：括号内是 t 统计量。*** 代表 $p<0.01$，** 代表 $p<0.05$，* 代表 $p<0.1$。

四　后置效应

尽管上文已经通过试点数据构建 DID 模型，验证了我国实行碳交易对低碳绩效的显著提高作用，但值得进一步思考的问题是：这种影响会随时间不断增大，还是随时间逐渐减小？

为了回答这一问题，本节构建如下模型测算碳交易对试点地区低碳绩效影响的处置效应（Post-treatment Effect）。

$$LCP_{it} = \nu_0 + \nu_1 Treat_{it} + \theta_j \sum_{j=1}^{2} Time_{-j} + \vartheta_j Treat_{it} \times \sum_{j=1}^{2} Time_{-j} +$$
$$\sum_{i=1}^{N} \rho_i X_{it} + \sigma Trend_{it} + \varepsilon_{it} \tag{6-13}$$

其中，$Time_{-j}$（$j=1$，2）是一个虚拟变量：

$$Time_{-1} = \begin{cases} 1, t=2014 \\ 0, t\neq 2014 \end{cases} \quad Time_{-2} = \begin{cases} 1, t=2015 \\ 0, t\neq 2015 \end{cases}$$

表 6-6 展示了后置效应模型的估计结果。可以看到，模型⑨和模型⑩中的交叉项（$Treat \times Time_{-j}$）都呈现统计显著特征，可见碳交易对低碳绩效存在显著的后置效应。但是，模型⑨和模型⑩中的交叉项系数比模型③和模型④中的系数要小，表明碳交易的效果弱化。这很可能是由于试点地区在实施碳交易初期，由于配额发放过量等原因，市场疲软，交易量少，碳价格低迷，对企业的低碳行为激励不足。

表 6-6 后置效应模型估计结果

变量	模型⑨	模型⑩
$Time_{-1}$	−0.043 ** (−2.20)	—
$Time_{-2}$	—	−0.028 (−1.51)
$Treat$	1.431 *** (2.74)	1.444 *** (2.81)
$Treat \times Time_{-j}$	0.075 *** (3.10)	0.082 *** (3.07)
$Trend$	0.107 *** (3.27)	0.110 *** (3.40)
经济结构	−0.134 (−0.18)	−0.079 (−0.11)
经济规模	−0.418 (−1.00)	−0.575 (−1.46)
能源消费	0.299 ** (2.28)	0.310 ** (2.16)
能源结构	0.081 (0.57)	0.079 (0.57)
技术水平	−0.296 ** (−2.29)	−0.265 ** (−2.21)
常数项	5.810 (1.63)	6.893 ** (2.04)
是否控制个体虚拟变量	是	是
调整的 R^2	0.942	0.944
样本量	70	70

注：括号内是 t 统计量。*** 代表 $p<0.01$，** 代表 $p<0.05$。

6.4 结论及政策建议

本章对我国碳排放权限额交易试点实施的效果进行了评价。首先，本章基于各地区的经济投入和产出状况，以及能源消费相关的二氧化碳排放，通过非径向生产距离函数，构建并测算了各地区的低碳绩效指标。研究结果表明，无论是否存在碳交易，所有样本地区的低碳绩效水平 2006~2016 年都呈明显的上升趋势，表明这些地区的发展模式在向低碳经济转型。但是，大部分地区的低碳绩效水平离前沿面还有一定距离，表明低碳绩效存在区域差异，且大部分地区的低碳化程度还有很大的提升空间。各地区低碳绩效的异质性也在很大程度上验证了我国加强区域联动、建设全国性碳交易市场的客观必要性。整体来看，存在碳交易的试点地区，其低碳绩效水平在碳交易实施后较之未实施碳交易的地区都更胜一筹。

其次，为了证明碳交易试点地区的低碳绩效是否会因碳交易实施而得到显著提升，本章控制了经济、能源和技术等因素的影响，构建双重差分模型，评估了碳交易对试点地区低碳绩效水平的影响。研究结果表明，碳交易体系显著提高了 10% 左右的低碳绩效。但是，在 2013 年碳交易开始实施后，由于各地区配额发放过量等原因，碳交易对低碳绩效的促进作用在一定程度上被削弱了。可见，碳排放配额的发放不仅关乎排放主体间的公平性，同时也对碳交易体系本身的实施效果有很大影响。

最后，经济规模、能源结构和技术水平对低碳绩效也存在显著的影响。研究结果表明，经济比较发达、电力结构较为清洁或技术水平较高的地区，低碳绩效水平较高。具体地，能源结构对低碳绩效的影响最大，可见从传统化石能源向可再生清洁能源转型对于实现低碳经济转型意义重大；经济发展水平对低碳绩效的影响也较大，这在一定程度上符合环境库兹涅茨曲线假说，特别是对于发展中国家治理环境污染和应对气候变化具有重大意义。

|第 7 章|
全国碳排放权限额交易市场风险分析

7.1 电力行业实施碳交易政策背景

2017 年，国务院发布的《"十三五"节能减排综合工作方案》提出，到 2020 年，全国万元国内生产总值能耗比 2015 年下降 15%，实现煤炭占能源消费总量比重下降到 58% 以下，电煤占煤炭消费量比重提高到 55% 以上，非化石能源占能源消费总量比重达到 15%，天然气消费比重提高到 10% 左右。电力是最主要的二次能源，几乎能为所有行业提供能源支持。全球能源相关二氧化碳排放量的 40% 以上可归因于电力，全球约 2/3 的电力来自以煤为主要燃料的化石燃料燃烧（Ang and Su，2016）。如果缺乏对电力部门的关注，很可能会影响减排效果。

中国的资源禀赋决定了中国的电力结构以火电特别是煤电为主。目前，中国已经建成全球最大规模的电力系统。截至 2018 年底，中国电力装机总容量达 19 亿千瓦，发电量为 6.99 万亿千瓦时，均居全球之首。其中，火电装机占比达到 60.0%（煤电为 53.2%），发电量占比超过 70%。因此，电力生产过程中消耗大量化石能源并产生大量温室气体，2014 年电力行业二氧化碳排放量达到全国排放量的 48% 左右（Ma et al.，2019；Zeng，2017）。《全面实施燃煤电厂超低排放和节能改造工作方案》在一定程度上反映出电力行业的节能减排是实现中国绿色低碳转型的重中之重，同时通过减少电力行业的化石能源消费可以抑制二氧化碳排放，有利于实现全球气候变化控制目标。

随着电力行业规模的迅速扩张，2017 年，国家发展改革委印发《全国碳排放权交易市场建设方案（发电行业)》，从发电行业入手，启动建设全国碳排放权交易市场。一方面，发电行业的二氧化碳排放量大，因此可以将发电行业作为突破口，激发企业减排潜力，推动企业转型升级，实现控制温室气体排放目标；另一方面，具有可测量、可报告、可核查的基础数据是建设全国性碳排放权交易市场的必要基础，而目前电力行业数据基础较好、产品相对比较单一、数据计量设备比较完备。

在欧洲，电力行业是 EU-ETS 的最重要参与者，为了减少自身二氧化碳排放，发电厂增加了对低碳技术的投资，提高了电力行业减排效率（Tian et al.，2016）。中国政府也非常重视电力行业在全国碳市场中的影响，并将其作为全国碳排放交易市场建设的先行者。但是目前中国电力价格仍未放开，电量指标主要是由政府分配，碳价尚无法向下游传导，导致短期内价格信号在产业链内传导不畅（Fei et al.，2014），并且可能会给电力企业的发展以及减排任务的完成带来一些不确定性，也会影响碳市场运行的稳定性（Feng et al.，2018）。因此，如果没有处理好碳市场与电力行业间的关系，则不利于规范碳排放权交易，不利于对温室气体排放进行控制和管理，也不利于推进生态文明建设和促进经济社会可持续发展。

7.2 国际经验和已有研究文献回顾

随着温室效应的加剧，二氧化碳的排放问题受到研究者的广泛关注。碳排放权交易市场作为全球新兴金融市场，是根据科斯定理提出的，即只要财产权是明确的，并且交易成本为零或者很小，那么，无论采用何种初始分配方式，市场均衡的最终结果都是有效率的，能实现资源配置的帕累托最优（Venmans，2016；Liu and Li，2017）。目前，欧洲碳排放权交易市场作为全球最大的碳市场，其交易体系的理论基础已获得广泛认可（Wei，2010）。但是在欧洲碳排放权交易市场成立初期，因其监管薄弱、与其他公共政策相互重叠，所以出现了市场运行混乱、交易价格大幅下跌的局面（De Perthuis and Trotignon，2014）。

美国加州电力市场危机的一个教训是，如果在实践之前缺乏充分测试，新的市场机制可能会造成意想不到的后果（Cong and Wei，2010）。在中国建立全国碳排放权交易市场之前，除了多地区试点的实践经验，国内外学者也对此进行了广泛深入的理论探讨。Zhou 等（2013）通过估算中国各省份的边际减排成本曲线，评估省际减排配额交易的经济绩效，并发现实施省级减排交易方案，可以使中国减排总成本降低 40% 以上。吴洁等（2015）通过中国多区域能源—环境—经济的可计算一般均衡（CGE）模型及其与碳交易模型的耦合，刻画了碳交易中交易主体的决策优化过程。汤维祺等（2016）通过理论分析，对比了不同减排政策机制对排放主体的激励作用。同时，借助区域间 CGE 模型对理论分析的结果进行模拟和验证，认为相比于强度减排目标，建立碳市场不仅能够有效弱化"污染天堂"效应，还能够促进中西部工业化转型地区的经济增长。

价格是碳排放交易重要的风险来源，因此也受到广泛的关注。Chang 等（2018）对中国试点地区的碳交易价格和能源价格之间的动态联动效应进行了研究，结果表明，煤炭、石油和天然气价格是区域碳排放价格的主要决定因素。Jiang 等（2018）也针对中国 7 个试点市场碳排放权价格与煤炭价格、石油价格和股票价格指数间的关系进行研究，发现碳排放权价格主要受自身影响，煤炭价格和股票价格指数对碳价有负向影响，石油价格对碳价先产生正向影响，后变为负向影响。Chang 等（2017）通过研究中国各试点市场的价格动态，发现存在较强的市场波动与价格集聚效应，同时存在较大的市场风险。魏立佳等（2018）采用实验经济学方法，探讨了碳配额的市场波动风险及其稳定机制，指出宏观经济周期和企业的非理性交易对碳市场的价格波动有显著影响。价量联动稳定机制和价格稳定机制能够较好地维护市场交易理性，有助于减缓碳配额价格的剧烈波动，此时企业生产效率也较高，社会总福利较高。

在全球主要碳市场，如欧盟 EU-ETS、美国 RGGI 和加州碳市场，电力企业都是被纳入控排范围的主要参与者。电力行业作为中国最大的碳排放部门，在现有碳交易试点和未来全国碳市场中都是重要的参与主体（齐晔、张希良，2018）。Huang 等（2015）通过对深圳碳排放权试点的数据以及效益成本进行分析，评估了深圳燃煤电力行业不同的减排技术投资决策，最后提出了行业短期和长期最优投资政策。Zhang 等（2017a）通过研究碳排放交易对中国发电厂技术采用的影响，发现碳排放交易会淘汰技术水平较低的技术，但并未促使其采用最先进的技术。此外，基于浓度标准而非发电性能标准的初始配额分配可以促使发电厂更快地采用最新技术。Liu 等（2018b）基于 2005~2010 年中国火电厂碳排放数据，采用无参数优化模型估算三种碳排放交易配额分配策略下的潜在经济效益和潜在碳减排量。

7.3 研究方法介绍

价格是市场稳定性的一个主要信号，也是参与控排企业新增减排成本的重要参考。为了探索全国碳市场的交易模式与交易价格，本节首先基于影子价格模型测算得到各个参与控排单位的边际减排成本，然后采用对数函数刻画各单位的边际减排成本曲线（Nordhaus，1991），最后通过一个成本最小化的非线性规划模型计算得到不同政策情景下的碳市场交易模式与交易价格。具体步骤如下。

假设有 $n = 1$，2，$\cdots$，N 个参与控排的单位，在规模报酬不变前提下，定义如下一个生产可能性集：

$$P(X) = (D, U): \sum_{n=1}^{N} z_n X_n \leqslant X, \sum_{n=1}^{N} z_n D_n \geqslant D, \sum_{n=1}^{N} z_n U_n = U; z_n \geqslant 0 \qquad (7-1)$$

其中，X 代表生产需投入的要素，如资本、劳动、能源等；D 代表期望得到的产出，如经济产出；U 代表非期望产出，在本章中即生产过程中产生的碳排放。

式（7-1）中对投入和产出要素的限制，本质上是基于各个单位构造了一个横纵坐标分别为非期望产出和期望产出的前沿包络曲面。其中，曲面上的期望产出不能小于实际的非期望产出，曲面上的投入和非期望产出不能大于实际的投入和非期望产出。学者们通常基于距离函数模型，利用数据包络分析或者随机前沿分析方法，估计前沿面以及决策单元到前沿面的距离（沈小波、林伯强，2017）。

根据 Färe 等（2006）的研究，采用参数化的 DDF，便可得到给定期望产出的价格 P（或者将其标准化为 1）情形下，非期望产出（在本章中即碳排放）的影子价格 Q 为：

$$Q = -P\left[\frac{\partial \vec{D}(X,D,U;G)/\partial U}{\partial \vec{D}(X,D,U;G)/\partial D}\right] \qquad (7-2)$$

影子价格具体的优化计算方法，详见第五章。

7.4　数据处理说明

本章选取的样本为 2000~2016 年中国 30 个省份的电力行业面板数据。由于西藏重要变量数据缺失较多，故其不在分析范围内。同样由于数据原因，本章分析不涉及台湾、香港和澳门。参考大量已有文献的做法，在生产函数中，本章考虑三种投入要素，即资本（K）、劳动（L）和能源（E），以经济产出作为期望产出（Y），以二氧化碳排放作为非期望产出（C）。基于上述数据，本章首先估计全国电力行业边际减排成本曲线，并作为后续分析的基础。本节对上述变量数据做如下处理。

在现有文献中，资本存量往往是根据固定资产价值，通过永续盘存法来估算（Wu et al.，2014）。公式为 $K_t = I_t + (1-\delta_t) \times K_{t-1}$，其中，$I$ 为可比价新增固定资产投资，δ 为折旧率，t 和 $t-1$ 分别代表当期和前一期。具体数据处理如下。①折旧率。2002~2007 年《中国工业经济统计年鉴》提供了 2001~2006 年各地区规模以上工业分行业的本年折旧和固定资产原值，利用当年折旧与上年固定资产原值的比例可以计算出相应的折旧率。2008 年后该年鉴没有列示本年折旧额，于是根据前后两年的累计折旧计算该年折旧额，并与固定资产原值相除得到折旧率。②固定资产投资。首先根据《中国固定资产投资统计年鉴》摘录出电力行业各省份 2001~2016 年的固定资产投资额，然后根据《中国统计年鉴》中的以 1990 年为定基的固定资产投资价格指数平减为以 2000 年为定基的价格指数，最后对找到的各省份电力行业各年固定资产投资额进行换算。③初始资本存量。由于没有找到各省份电力行业的资本存量初始值，于是以 2000 年为基期，首先将该年电力行业总产值与全国总产值的比例作为换算口径，然后将该比例与该年各省份电力行业固定资产净值相乘，作为各省份电力行业资本存量初始值。

劳动投入。根据前人研究，采用电力行业就业人数作为劳动力投入（Chen and Golley，2014），数据来源于对应年份的《中国劳动统计年鉴》。

能源消费。因为热值和量纲差异，不同类型的能源投入不能直接加总。故本章采用 2001～2017 年的《中国能源统计年鉴》中电力行业生产过程中消耗的各种燃料（包括煤炭、焦炭、焦炉煤气、高炉煤气、转炉煤气、其他煤气、原油、汽油、煤油、柴油、燃料油、液化石油气、天然气和液化天然气）的消费量数据，并根据年鉴附录中的"各种能源折标准煤参考系数"将各种燃料转换为标准煤，最后加总得到能源消费数据。

本章采用增加值来衡量经济产出。2000～2007 年电力行业各省份工业增加值数据来自《中国工业经济统计年鉴》，由于 2008 年后该年鉴不再列示该项数据，并且在其他年鉴及统计数据中并不涉及各省份电力行业工业增加值数据，所以 2008～2016 年该数据根据《中国能源统计年鉴》中各省份发电量增长率进行推算。名义变量根据《中国统计年鉴》中工业生产者出厂价格指数进行平减。

碳排放。各类能源消耗和碳排放因子数据是计算碳排放量的基础（Kong et al.，2019）。根据 IPCC 碳排放核算方法：$CO_2 = \sum_{i=1}^{n} CO_2(E_i) = \sum_{i=1}^{n} E_i \cdot NCV_i \cdot CEF_i$。其中，$CO_2$ 表示待估算的二氧化碳排放量；下标 i 表示各种燃料，具体种类与上述能源消费中所选种类一致；E_i 代表第 i 种能源的消费量；NCV 为各种能源的平均低位发热量；CEF 表示各种能源的二氧化碳排放因子。通过转换加总，得到历年各地区火电行业的二氧化碳排放量数据。

上述投入和产出变量的描述性统计分析结果见表 7-1。

表 7-1　数据描述性统计分析结果

变量	单位	样本量	均值	方差	最小值	最大值
资本（K）	亿元	510	823.3	732.6	14.5	3993.9
劳动（L）	人	510	65837.6	39817.9	7859.0	174191.0
能源（E）	万吨标准煤	510	3832.7	3692.7	48.5	20946.6
增加值（Y）	亿元	510	230.0	213.6	10.3	1208.5
碳排放（C）	万吨	510	9795.8	9211.5	118.6	47937.1

资料来源：历年相关统计年鉴，笔者计算。

7.5　电力行业碳交易仿真结果

一　电力行业碳排放总量限额和初始配额分配方案设定

总量限额和配额分配是碳交易制度设计中的两个核心问题，影响着全社会总体需要付出的减排努力和每个纳入企业的减排责任及其成本。中国作为发展中国家，总量限额需要在保证实现节能减排目标的同时，为经济增长保留必要的可控增量余地（熊灵等，2016）。因此，本章在充分考虑国家制定的节能减排硬性指标和经济增长未来趋势的基础上，设定 2020 年的碳排放总量限额。具体而言，中国在哥本哈根会议以及"十三五"规划纲要中明确承诺，2020 年碳强度相比于 2005 年要下降 40%~45%，这意味着年均碳强度目标为降低 4%。中国 2017 年已经提前达到这一碳减排目标，因此，本章基于历史外推，设定至 2020 年仍保持碳强度年均 4% 的下降幅度（总量限额情景一）。但是，由于中国电力行业的能源利用效率已经比较高，碳强度下降难度比其他行业更大。2016 年，火电供电煤耗已经下降到 312 克标准煤/千瓦时，在世界范围内处于较为高效的水平，与美国相当。2005~2016 年，火电供电煤耗年均下降幅度为 1.5%。进一步考虑到火电在电力结构中的比例年均下降 1.5 个百分点，电力行业总的碳强度下降幅度设定为 3%（总量限额情景二）。从碳强度到总量限额还需要考虑经济增长。本章设定 2016~2020 年实际经济增速平均为 6.5%，而电力需求对经济的弹性为 0.8[①]。

在总量限额既定的前提下，如何公平合理地将配额分配给各责任主体，直接影响各个履约企业的利益，进而可能影响整个碳交易市场的有效运行。目前比较主流的分配原则包括"祖父制"和"基准制"两种。"祖父制"主要以碳排放主体历史碳排放量作为分配基础；"基准制"则是以既定的排放标准或单位产量的允许排放量为分配依据。关于这两种分配机制优劣的详细探讨可参见 Xiong 等（2017）的研究。本章基于"祖父制"和"基准制"设定了配额分配的两种情景。在给定总量限额的条件下，"祖父制"分配量取决于各主体的碳排放在行业碳排放总量中的占比；"基准制"分配量则取决于碳排放相关产品的产量在行业总产量中的占比（齐绍洲、王班班，2013）。

综合上述设定，本章得到了总量限额和初始配额分配的 4 种方案，如表 7-2 所示。

表 7-2　2020 年碳排放总量限额和初始配额分配方案

情景	配额分配："祖父制"	配额分配："基准制"
总量限额情景一	方案 1：碳强度年均下降 4%，$CA_i^{2020} = TCA \times CE_i^{2016} / \sum_i CE_i^{2016}$	方案 2：碳强度年均下降 4%，$CA_i^{2020} = TCA \times CF_i^{2016} / \sum_i CF_i^{2016}$
总量限额情景二	方案 3：碳强度年均下降 3%，$CA_i^{2020} = TCA \times CE_i^{2016} / \sum_i CE_i^{2016}$	方案 4：碳强度年均下降 3%，$CA_i^{2020} = TCA \times CF_i^{2016} / \sum_i CF_i^{2016}$

注：CA、TCA、CE、CF 分别表示碳减排量、全国总减排量、碳排放量、火电发电量。

结果表明，如果不施加碳减排约束，2020 年全国电力行业碳排放量将达到约 56 亿吨。而在总量限额的约束下，电力行业在总量限额情景一和情景二下的全国总减排量分别为 8.2 亿吨和 6.4 亿吨，几乎相当于德国 2017 年的碳排放总量（BP，2018）。图 7-1 为 2020 年中国各省份电力行业在不同方案下的减排配额分配情况，可以看出，在"祖父制"和"基准制"分配原则下，各省份之间减排配额都存在很大的差异。江苏、山东、内蒙

[①]　2010~2017 年平均值。

古、广东等在两种分配原则下均是需要承担最多碳减排任务的地区，但是减排的绝对量在不同原则下差异显著。例如，在碳强度年均下降4%的总量限额下，根据"祖父制"原则，山东需要承担的减排量为7692万吨；而在"基准制"原则下，其减排任务将进一步提高到9510万吨。其他省份根据不同分配原则所承担的减排任务也存在一定差异。配额分配是碳交易体系中的重要环节，不同的减排配额分配，将直接决定各自需要承担的减排成本，进而影响碳交易市场的运行效率和参与者的积极性（Xu et al.，2015），所以在确定分配原则时要全方位考虑。这也是全国碳交易市场建设的难点之一。

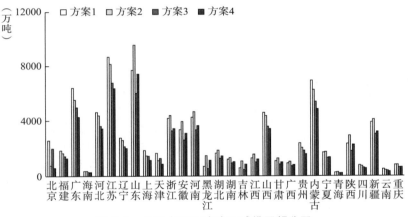

图 7-1　2020 年不同方案下减排配额分配

二　电力行业碳交易市场模拟

图 7-2 展示了各省份电力行业减排难度系数，它衡量了边际减排成本曲线的"陡峭"程度，系数的绝对值越大，说明边际减排成本将随着减排量的增加而加速增加，因此减排难度越大。减排难度是多种因素综合作用的结果，比如化石能源在发电结构中的比例、能源效率、技术进步、行业增长、存量发电机组的装机结构等。结果表明，新疆减排难度最小，广东减排难度最大。而且，宁夏、陕西、内蒙古、山西等能源资源富集区减排难度都相对较小，这可能是由于这些资源富集地区能源价格相对较低，对

发电企业提高能效的激励不足（李江龙、徐斌，2018）；同时，这些地区技术水平相对较低，有更大的余地通过引入已有新技术来实现减排。相反，东部地区能源资源相对紧缺（一个例子是"西电东送"），而且较为接近已有技术前沿，通过进一步创新来实现碳减排的成本可能显著高于技术引进成本（林毅夫，2003）。这导致经济发达地区（如北京、上海、福建、浙江和广东）减排难度均较大。在减排难度存在明显地区差异的情况下，高减排成本地区可以买入碳排放权而自身少减排，而低减排成本地区则可以卖出碳排放权而自身多减排，每个地区都可以凭借交易以更低的成本获得碳减排配额。同时，市场出清将实现均衡的碳交易价格。

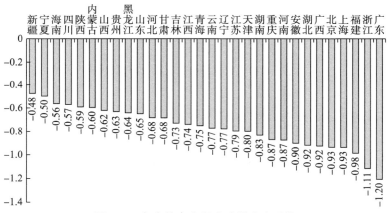

图 7-2　各省份电力行业减排难度系数

在总量限额和初始配额分配方案的基础上，本章进一步模拟了 2020 年各省份电力行业碳市场的交易情况，如图 7-3 所示。其中，正值表示该地区需要购买碳排放配额，负值表示该地区可以卖出多余配额。由于 4 种方案下总量限额和初始配额分配不同，所以碳交易的规模存在差异。结果表明，与图 7-2 中的碳减排难度系数揭示的情形一致，在全国碳排放权交易市场上，广东、浙江等经济发达省份将成为主要的买入方，因为其边际减排成本较高；而内蒙古、新疆等能源大省则成为主要的卖出方，因为这些地区的边际减排成本较低，同时初始碳排放配额较多。以方案1，即"碳强度年均下降 4%＋'祖父制'配额分配"为例，2020 年广东需要购入 2337 万吨碳排放权，而内蒙古则对应可以卖出 1494 万吨碳排放权。

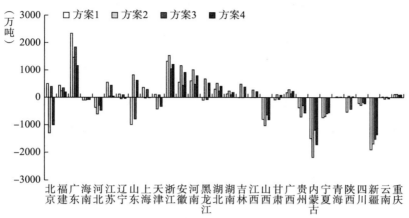

图 7-3　2020 年各省份电力行业碳交易量模拟

碳交易量可以很好地衡量各地碳交易市场的流动性与市场运行状态并发挥价格发现与价格定价的作用（Lee，2011；Ibikunle et al.，2016）。目前，中国已启动的 8 个试点市场在 2018 年的总成交量分别为：深圳 1265 万吨、上海 266 万吨、北京 321 万吨、广东 2686 万吨、天津 187 万吨、湖北 860 万吨、重庆 26 万吨、福建 293 万吨。[①] 从交易规模来看，这些省份内的交易与 2020 年的全国省份间最优交易规模相当，但是在缺乏全国碳交易市场的情况下，无法在更大范围内优化配置碳减排资源，这将阻碍通过更充分的碳交易实现全社会减排成本最小化的目标。全国碳交易市场仍需要在未来一段时期内不断加强基础建设，完善市场规则，提高交易运行效率。此外，模拟结果表明，发达地区需要从欠发达地区购买排放权以达到碳配额的要求；对于欠发达地区的电力企业，可能的挑战在于如何利用好因卖出碳排放权而获得的资金（比如技术升级），从而缩小与发达地区间的差距，实现自身可持续发展。

市场出清的碳交易价格随着总量限额的减少而提高，而且与科斯定理一致，市场出清价格与初始配额分配无关。模拟结果表明，在碳强度年均下降 4% 的总量限额情景下，碳交易价格为 118 元/吨；而在碳强度年均下

---

① 数据来源：Wind 数据库。

降 3% 的总量限额情景下，碳交易价格为 90 元/吨。相比之下，国内目前试点市场实际运行价格从不到 10 元/吨到超过 120 元/吨（深圳 2013 年价格）。而美国估计的碳排放社会成本为 46 美元/吨（Gillingham and Stock，2018）。本章下一节将进一步从供需角度探讨碳交易价格可能具有高波动的内在特征及其与政府电力定价之间可能存在的矛盾。

　　碳交易的优势在于各主体可以基于自身减排成本情况，通过市场机制，寻找最优的减排策略。当达到市场出清的时候，理想的情况是所有参与者的边际减排成本相同，且等于市场决定的碳交易价格，同时全社会的减排成本达到最小化。图 7-4 是 4 种方案下碳交易前后的全国电力行业总减排成本对比。如果没有碳交易市场，"基准制"将比"祖父制"配额分配带来更大的总减排成本，这是因为前者的初始分配更加偏离各省份最优减排组合。总体而言，在本章设定的 4 种方案下，通过建立全国碳交易市场，电力行业碳减排成本可以节约 166 亿~411 亿元。而且碳减排量越大，成本节约的量越大。更重要的是，不管采用哪种配额分配原则，在实行碳排放交易后，给定总量配额目标下的总减排成本都相等，说明总减排成本不受排放权初始分配的影响。这与科斯定理的内涵一致。由于信息不完全，碳配额初始分配很可能远远偏离全社会成本最优组合，这可能导致很高的减排成本。通过碳市场，最终的减排成本并不受初始分配影响，从而可以更大幅度地减少碳减排成本。

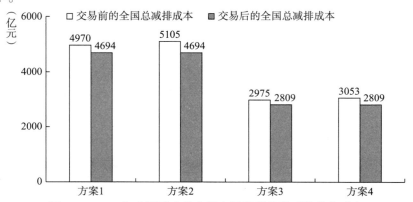

图 7-4　2020 年全国碳交易市场交易前后的总减排成本对比

　　碳交易市场为各省份实现减排提供了新的选择，即买入排放权、卖出排放权、自身减排，从而获得正收益。通过参与全国碳交易市场，各省份均能减少其电力行业的碳减排成本，结果如图 7-5 所示。从全国角度看，不同的分配原则并不影响全社会总减排成本；但是从省际角度看，分配原则直接决定了各省份需要买入或者能够卖出的碳排放权，进而形成以碳交易资金为载体的财富转移。通过图 7-5 可以发现，不同省份减排成本减少量差异明显，而且减排成本下降较大的往往是经济比较发达、技术较为先进的省份（比如广东、浙江）或者是经济结构相对重工化、减排空间较大的省份（比如新疆、内蒙古）。正是它们之间在经济、技术和减排空间上的差异，有利于它们通过交易实现扬长避短。这进一步表明作为一种市场机制，碳排放权交易市场对以成本最优化方式实现减排目标具有必要性。

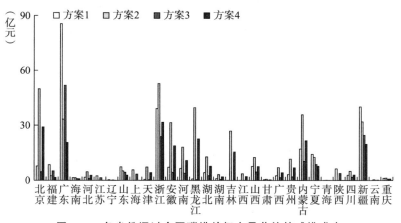

图 7-5　各省份通过全国碳排放权交易节约的减排成本

7.6　碳交易价格波动及对电力市场可能造成的风险

　　2019 年初，北京碳交易的实际运行价格已经波动上涨到 70 元/吨左右。上文的模拟结果表明，在总量限额约束为碳强度年均下降 4% 或 3% 的情景下，2020 年均衡的碳交易价格分别为 118 元/吨或 90 元/吨。如果进一步增加碳减排需求，均衡价格会出现更大幅度的上涨。例如，本章模拟了电力需求增速增加到 6%，且保持碳排放总量限额与前述年均碳强度下降 4% 的情景一致，均衡价格会提高到 177 元/吨。

这表明，在面临碳减排配额的需求冲击时，碳交易价格可能会出现较大波动。这与欧盟以及国内 8 个试点地区碳交易市场的实际运行情况一致。Borenstein 等（2018）提出，当碳减排量较小的时候，由于可减排空间较大，边际成本很低；随着碳减排量不断增加，成本较低的减排空间不断压缩，碳减排的边际成本会迅速增加。碳减排配额的需求曲线随着企业对未来预期的波动而波动。碳边际减排成本曲线的特征以及碳减排配额需求曲线随预期而波动，意味着碳交易价格可能具有高波动的特征。具体如图 7-6 所示。

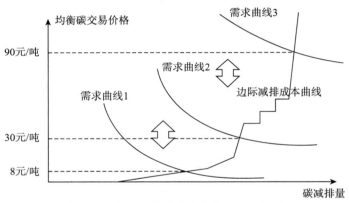

图 7-6　碳边际减排成本曲线和需求曲线

碳交易价格的这种高波动特征，可能对电力市场的稳定运行造成影响。虽然电力行业市场化改革不断推进，但是目前中国的电力价格（包括上网电价和销售电价）依然由政府主导。高波动的碳交易价格意味着发电成本将随之波动，但是无法在由政府主导的电力价格中随行就市地及时疏导出来。以总量限额约束为碳强度年均下降 4% 和 3% 的情景为例，假设供电煤耗达到 300 克标准煤/千瓦时，均衡的碳交易价格意味着每千瓦时煤电发电成本将增加 0.098 元和 0.075 元。国家能源局的数据表明，2017 年燃煤机组全国上网电价平均为 0.372 元/千瓦时。这意味着新增碳减排成本占上网电价的 20% 以上。如果电力需求年均增速从 5% 增加到 6%，这一占比甚至会大幅波动到 40%。市场化的碳交易价格和由政府主导的电力价格之间的差异可能会引起电力产业链中成本疏导的困难，碳交易价格内在的高波动性可能更会加剧这种风险（见图 7-7）。

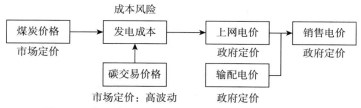

图 7-7　电力产业链及定价模式可能带来的成本风险

7.7　结论及相关启示

电力行业因其庞大的排放总量、完善的基础数据以及高度的技术成熟度，成为全国碳市场建设的先锋。本章首先梳理了电力行业碳交易的政策背景，并回顾了国际经验和相关文献。接着，利用影子价格模型，估算了各省份电力行业的边际减排成本及其成本曲线。随后，模拟了在不同总量限额和初始分配方案下，各省份电力行业作为交易主体，如何依据自身的碳减排成本参与跨省市场交易，并重点分析了碳交易市场价格波动可能带来的风险，最终得出了以下结论。

第一，在全国不同区域之间，电力行业的碳减排潜力存在较大差异，这意味着各地存在不同的碳边际减排成本，减排难度系数的估计结果验证了这一点。大部分东部省份的碳减排难度显著高于西部省份。减排难度的地区差异意味着可以通过交易减排配额降低全国整体的碳减排成本。第二，市场均衡时的交易量受到初始配额分配的影响，但由于减排难度的差异，无论是采用"祖父制"还是"基准制"，广东、浙江等东部省份将成为主要的碳减排配额购买方，而新疆、内蒙古等西部省份则是主要卖出方。但是，模拟结果也表明最终均衡状态下各省份的最优减排量及市场出清价格不受初始配额分配的影响，这与科斯定理是一致的。第三，在不同的减排总量限额下，电力行业的碳交易均衡价格有较大幅度变化。这意味着当市场对碳减排配额需求的预期变化时（甚至不需要真实的减排总量限额变化），碳交易价格就可能发生较大波动。本章提出，这种波动可能是由碳边际减排成本的内在特征导致的，这种内在的市场价格高波动性可能与电力价格由政府主导的政策存在不一致，这种不一致可能成为电力行业全国碳交易市场稳定、高效运行的潜在风险来源。

本章的研究结果具有以下的启示。第一，作为碳减排配额的主要卖出方，西部欠发达地区利用好通过碳交易市场获得的资金，实现技术升级，成为这些地区实现自身绿色可持续发展的契机。相比于各省份通过各自减排来完成碳减排目标，各省份都能通过碳排放交易节约碳减排成本（实现帕累托改进），但是碳交易所得收益的分配取决于初始碳减排配额在省际的划分。因此，初始分配方案可以考虑给予欠发达地区适当倾斜。第二，需要重点关注"市场碳"和"计划电"之间的价格矛盾。电力体制改革是推动中国能源转型的重要抓手，但电价改革一直难以"破冰"。在市场与计划并存的情况下，需要进一步探索政策组合，实现碳市场形成的碳成本在电力市场的传导，比如，允许相对灵活的碳电联动机制。

第8章

全国碳排放权限额交易对电力公司的影响

本章分电网和电源结构两方面，分别讨论了全国碳排放权限额交易体系对电力系统的影响及相应的应对策略。

8.1　碳交易市场对电网的影响

整体来说，碳排放权交易对电网的影响主要体现在两个方面。一方面是对电网企业的直接影响，即电网企业作为碳排放权交易市场的直接参与主体，受到碳配额的约束并同时参与碳交易；另一方面则是对电网企业的间接影响，即作为电力行业上下游的重要连接枢纽，电网企业因上下游相关主体被纳入碳市场后的行为反应而受到间接的影响。具体而言，本节从六个方面探讨碳排放权交易对电网的影响。

一　影响电网企业减排行为

随着我国电力行业被整体纳入总量控制体系，电力行业的节能减排力度将进一步加大。除了将电网企业的直接碳排放、用电和供热的间接碳排放纳入减排范围，未来线损带来的间接排放以及六氟化硫气体排放可能也会被纳入强制减排范围。除此之外，在碳交易市场下，政府在未来也会加强对电网企业的监测与核查，电网企业将会承受定期上报排放数据等减排压力。

按照《中国电网企业温室气体排放核算方法与报告指南（试行）》，电网企业直接涉及的温室气体排放包括输配电损失引起的二氧化碳排放，以及六氟化硫在设备修理与退役过程中产生的排放。虽然六氟化硫的温室效应是二氧化碳的 23900 倍，但是考虑到六氟化硫总量规模较小①，气体泄漏率低且监测难度大，电网企业对六氟化硫排放也规定了大部分回收利用，因此暂不考虑这部分的排放。由此，电网企业直接涉及的温室气体排放主要由输配电损失引起。近些年，在国家碳减排政策、电网低碳政策、输配电技术进步的推动下，电网输配电损失率及电网排放基准因子呈现逐年下降趋势，但是由于我国电力需求量与经济增长高度相关，每年因经济增长引起的电力需求不断增加而导致由输配电损耗产生的碳排放量的降低程度显得十分微小。

与此同时，我国电力需求总量基数大，且每年仍在持续增长，也表明了电网企业的碳排放量和减排潜力都很大。纳入碳排放权交易的电网企业因受碳排放配额约束，面临减排压力，这迫使电网企业通过购买配额或增加技术投入获取核证减排量，以满足减排目标。如此，碳排放权交易提高了电网企业的生产经营成本，对电网企业的经营形成压力，但与此同时也促使电网企业加大对降低输配电损耗技术的研发投入，有利于促进电网企业的技术创新。

二 影响发电成本

在目前电力上网采用标杆电价的管理体制下，碳排放权限额交易对电网的购电成本影响极小，甚至可以说是中性的。电价管制使上游发电企业的减排成本难以传导至下游电网及终端用户，因此无论初始配额采用免费还是有偿分配方式，碳排放权交易仅对发电企业的生产成本及经营效益产生影响，却无法对电网企业的购电成本产生直接影响。

在免费配额情形下，发电企业按照"基准制"分配配额，发电企业有动力降低二氧化碳排放、降低单位煤炭消耗，企业的单位生产成本降低，

---

① 目前我国六氟化硫年产量接近 1 万吨，应用于电网断路器的六氟化硫约有 2.5 万吨，设备的修理与退役过程处理不当时将导致六氟化硫直接排放到空气中，假设每年中国电网断路器的泄漏率为 1%，由此造成的温室气体排放达 600 万吨二氧化碳当量。

在煤炭价格不变的情况下，由于标杆电价不变，此时发电企业经营效益变好，也正因为标杆电价不变，电网企业在输配环节的收益不变，此种情形下碳排放权交易对电网的影响是中性的。

而在有偿配额情形下，发电企业通过参与排放权拍卖来获取配额，企业需将碳排放外部成本内部化，导致企业生产成本增加，在标杆电价不变的情况下，发电企业经营效益变差，但由于标杆电价不变，电网企业在输配环节的收益不变，此种情形下碳排放权交易对电网的影响也是中性的。

三 影响电源结构

碳交易市场的建设会促使电源结构朝低碳化与清洁化方向发展。当碳配额价格足够高时，燃煤发电企业的生产成本将显著高于燃气发电企业的生产成本，在资源禀赋允许的情况下，电厂会由燃煤发电转向燃气发电。以基于历史排放进行碳配额分配的碳交易模式为例，在引入碳排放权交易市场后，天然气发电的占比将显著提高，煤电占比则显著下降。据 Cong 和 Wei （2010）推测，到 2020 年前后，天然气发电在引入碳交易机制下的电源结构中占比约为 15%，在未引入碳交易机制下的占比为 5% 左右；到 2050 年前后，在引入碳交易的电网中天然气发电占发电总量的 20% 左右，而未引入碳交易的电网中天然气发电占比约为 10%。

不仅如此，在电力市场开展碳交易后，核电、太阳能发电等使用清洁能源发电的环境友好型发电技术所占比重有所提高，其中太阳能发电的增长最为显著。到 2050 年前后，引入碳交易机制下的太阳能发电占比约为 15%，而未引入碳交易机制下的太阳能发电占比仅为 7.5% 左右。由此可见，碳市场的建设加速了我国从以火电为主的电源结构向清洁能源结构的转变。

电源结构在碳交易市场建设推动下的加速转变，会促使电源向可再生能源富集的西部地区和对碳减排要求较宽松的地区进行布局，供电格局则会因此发生改变。由于西部的四川盆地和新疆塔里木盆地现已探明的天然气储量共占总量的 40% 以上，所以未来随着天然气发电比重的大幅提高，西部地区的供电量将有所提高。而目前发电量较多的地区以火力发电为主，2018 年全国发电量前四的省份依次为山东、江苏、内蒙古和广东，它们也是全国火力发电量排在前四的省份。

发电量位居前列的省份除内蒙古、山西和新疆这类能源大省外，大部分是经济较发达的用电大省，以东部沿海省份居多。东部沿海地区恰恰是开展碳排放权交易建设的先行者，在目前已有的 7 个碳排放权交易试点中，有 5 个（北京、天津、上海、广东、深圳）位于东部经济较发达的地区，东部地区对二氧化碳等污染物排放的约束相对严格。因此，碳交易在电力行业开启后，受电源结构转变和政府环境管制的影响，西部地区将承担更多的供电责任，电网的规划布局也会在一定程度上做出相应调整。

四　影响电力需求

碳交易市场的引入会带来二氧化碳排放成本的内部化（Denny and O'Malley，2009），碳价格的波动会通过碳市场转移到电力市场中，从而对电价产生影响。一般来说，推行碳交易会提高电力企业的生产成本，进而抬高电价，最终增加高耗电工业企业的能耗成本。以欧盟 EU-ETS 的研究结果作为参考，EU-ETS 能提高欧盟多国的电力市场价格，EU-ETS 的 EUA 价格的变动对电价有显著的影响，且 EUA 价格波动传递给电价的程度较高（Chen and Sijm，2009；Lise et al.，2010；Kirat and Ahamada，2011）。

对于中国的电力行业来说，由于目前电价主要由政府管控，电力生产企业将碳交易增加的成本有效转移到电价中有一定难度，且与国外相比，电价受碳交易的影响可能相对较小。尽管如此，引入碳交易市场后电价的波动也比未引入时要大，在 GDP 增速相同的前提下，碳交易影响下的电价高于未引入碳交易时的电价。环境成本较低的燃气电厂电价低于燃煤电厂，其更具有竞争优势。从电力需求的角度来看，电价的上涨将促使高耗电的能源导向型产业向能源成本较低的地区转移。因此，在电力行业进行碳交易后，电力需求格局可能也会发生改变，不同地区需要的电量总数、电网的负荷量、负载的分布也会随之变化。为了满足电力需求，电网的规划布局也要做出相应的调整。

五 加剧电网调峰挑战

在现行的电价规制下，碳排放权交易不会对电网企业购电成本产生直接影响，但是纳入碳交易市场的发电企业为应对碳排放权交易而进行的生产投资经营的转变会对电网企业产生一定影响。碳交易会对发电企业的发电方式和发电结构产生影响，进而影响电网企业运行的稳定性。碳市场的建立使发电企业面临更大的生产约束和更多的收益减损，发电企业面临的成本和收益决策问题更为复杂：企业发电成本除了使用燃料等造成的开支，还包括需要减少碳排放所产生的成本；但收益除了传统的通过售电获得的收益，也新增了可通过销售碳配额获得的收益。发电企业可根据碳市场的运行状况，调整发电策略，从而制订成本—收益最优的发电计划。因此，考虑碳交易机制产生的成本及收益后，可能会出现发电企业出让发电权的运营模式（从高能耗、高排放的小机组向低能耗、低排放的大机组，从火电机组向清洁能源机组转变）。此外，碳排放权限额交易机制能对发电企业产生约束，倒逼企业将节能减排纳入企业的投资和经营决策，有利于推动燃煤发电的高效化和低碳化，也有利于提高清洁能源的装机和发电比例，促进电力系统的绿色转型。碳交易市场建立引致发电企业发电方式和发电结构的变化势必会对电网的稳定性产生影响，尤其是大量的风电和光电并网以及对应机组的出力具有不确定性和间歇性，这对电网稳定供应和调峰提出了更多挑战。

六 加大电网调度运行难度

碳交易市场的建立扩大了可再生能源发电的规模，可再生能源发电技术的快速发展对电网的调度运行与规划提出了更高的要求。可再生能源发电具有机组容量较小、稳定性较差、调频调压能力有限和地域差异较大等弊端。可再生能源发电在纳入电网时，其本身需要面对发电基地的电网结构、电网系统传输与配电的稳定性、调峰调频、电能质量、消纳能力等一系列统筹规划问题，还要兼顾可再生能源电源与其他电源的合理配置，以保证整个电力系统的协调稳定与电网总体的运输效率。

具体来说，在电网安全性与稳定性方面，可再生能源发电机组由于容量小而采用异步发电机，大量可再生能源电机的并网可能会造成退网停运和电压骤降，电压稳定性出现大幅波动还会干扰同一电网上其他电器设备的正常运行；太阳能和风能发电存在间歇性，波动较大，导致其调峰能力和低电压穿越能力较弱，在其他发电方式占比较低的情况下，仅依靠火电机组进行调节，很可能对电网的并网控制、功率预测、传输调度、供电质量等产生负面影响。在电网输送与消纳方面，由于我国主要在北部与西部偏远地区大规模开发太阳能发电、主要在东部沿海与三北地区开发风能资源，因此在能源富集地区与能源需求地区相隔较远的情况下，可再生能源的消纳较为困难。因此，可再生能源电源在发展的同时需要进一步优化远距离输电技术，提高调峰水平。此外，可再生能源电站的负荷难以准确预测，所以制订并实施可靠的发电计划难度较大，电网面临的调度压力也会因此增加。碳市场的建设会在一定程度上使电网加速面临以上这些可再生能源发电带来的电网运行问题，并加大电网调度运行的难度。

8.2　碳交易市场对电源结构的影响：以浙江省为例

碳交易市场的建立会促使电源结构朝低碳化与清洁化方向发展。当碳交易价格较高时，涵盖碳排放成本的燃煤发电企业的生产成本上涨比例将显著高于燃油或燃气发电企业的生产成本。在资源禀赋及技术条件允许的情况下，电源结构将由燃煤发电转向燃气燃油和可再生能源发电。

本节将通过要素间/能源间替代模型，模拟计算碳排放交易价格对发电企业能源成本及能源需求的影响，进而以浙江省为例，估计碳市场对浙江省电源结构的影响。

一　模型设定

要素间/能源间替代模型用以测算能源价格的变动对能源需求的影响程度。在具体介绍模型之前，需要明确资本存量的变动所需时间，因此耗能设备作为一种资本在短期内很难调整。中国对要素价格或能源价格变化的替代调整，可能是一个缓慢而非瞬间的过程。如果生产者对价格变化的反应需要时间，那么为达到最佳投入水平所做的任何调整可能就只能实现一部分。因此，滞后调整是研究我国能源替代的关键。本节首先从静态模型入手，然后在静态模型的基础上通过引入误差修正模型，放松瞬时调整的假设，并提出动态调整模型。

以往研究通常采用超对数成本函数来测算要素间替代程度（Ma et al.，2008；Yang and Gu，2014），该函数源自超对数生产函数，可以看作未知形式的第二泰勒近似（Coelli and Rao，2005）。与柯布－道格拉斯（C-D）形式和恒定替代弹性（CES）形式相比，超对数成本函数避免了设置严格的前提假设，是一个更优的规范。

超对数成本函数包含资本（K）、劳动力（L）和能源（E）［见式（7-1）］，其中还考虑了非恒定规模收益和非中性技术变化，即：

$$\ln TC = \alpha_0 + \alpha_q \ln(Y) + \frac{1}{2}\gamma_{qq}(\ln Y)^2 + \sum_i \delta_i \ln Y \ln p_i + \sum_i \alpha_i \ln p_i +$$

$$\frac{1}{2}\sum_i \sum_j \gamma_{ij}\ln p_i \ln p_j + \alpha_t t + \frac{1}{2}\alpha_{tt}t^2 + \sum_i \beta_i \ln(p_i)t + \quad (8-1)$$

$$\gamma_{qt}\ln(Y)t; \forall i,j = K,L,E$$

其中，TC 表示总生产成本，Y 表示产出，p_i 和 p_j 表示要素价格，t 表示非中性技术变化的时间趋势模型（Urga and Walters，2003）。

对于使生产者成本最小化的问题，由 Shephard 引理可以将第 i 种投入要素的需求量推导为 $x_i = \partial TC/\partial p_i$。因此，成本份额表示为：

$$S_i^* = \frac{p_i x_i}{TC} = \frac{p_i}{TC}\frac{\partial TC}{\partial p_i} = \frac{\partial \ln TC}{\partial \ln p_i} \quad (8-2)$$

其中，S_i^* 表示第 i 种投入要素成本份额的条件期望，合并式（8-1）和式（8-2）可以得到：

$$S_i^* = \frac{\partial \ln TC}{\partial \ln p_i} = \alpha_i + \beta_i t + \sum_j \gamma_{ij}\ln(p_j) + \delta_i \ln(Y); \forall i,j = K,L,E \quad (8-3)$$

实际观察到的要素成本份额 S_i 是成本份额的条件期望 S_i^* 与干扰项 v_i

之和，即 $S_i = E(S_i | \Omega) + \upsilon_i = S_i^* + \upsilon_i$，其中 Ω 是信息集。因此，每种投入要素的实际成本份额可以表示为：

$$S_i = \alpha_i + \beta_i t + \sum_j \gamma_{ij}\ln(p_j) + \delta_i\ln(Y) + \upsilon_i; \forall i,j = K,L,E \qquad (8\text{-}4)$$

式（8-5）对式（8-4）中的参数施加了一些限制。

$$(\text{i}) \sum_i \alpha_i = 1, \sum_i \delta_i = \sum_i \beta_i = 0(累加)$$

$$(\text{ii}) \sum_i \gamma_{ij} = \sum_j \gamma_{ji} = 0(同质性) \qquad (8\text{-}5)$$

$$(\text{iii}) \gamma_{ij} = \gamma_{ji}(对称性)$$

式（8-5）中累加、同质性和对称性的限制分别来自份额的单位、价格的一阶同质性和杨氏定理。杨氏定理表明 $\dfrac{\partial^2\ln TC}{\partial\ln p_i \partial\ln p_j} = \dfrac{1}{2}\gamma_{ij} = $

$\dfrac{\partial^2\ln TC}{\partial\ln p_j \partial\ln p_i} = \dfrac{1}{2}\gamma_{ji}$。有关这些限制的更多详细信息，可参考 Li 和 Lin（2016）的研究。

这些成本份额方程组成了一个看似无关的需求系统，但是由于 $\sum_i S_i = 1$，该系统的扰动是奇异的。在估计过程中，为了求解奇异性的问题，需要删除其中一个方程，但可以通过式（8-5）中的限制条件得到被删除的方程。在此，我们放弃了劳动份额公式。因此，剩余的非奇异系统可以线性估计为：

$$S_i^{Factor} = \alpha_i + \beta_i t + \sum_j \gamma_{ij}\ln(p_j/p_L) + \delta_i\ln(Y) + \upsilon_i; \forall i,j = K,E \qquad (8\text{-}6)$$

式（8-6）中的能源要素是由几个单独的能源类型组成的。中国 2015 年煤炭占一次能源消费总量的 64%，石油占 18%，天然气占 6%，可再生能源占 12%。为方便起见，将石油和天然气合并，由于煤炭是中国的主要能源类型，所以进行单独分析。此外，还特别包括可再生能源，以区别于化石能源。因此，总能源价格可以通过类似的超对数函数获得：

$$\ln p_E = \varphi_0 + \sum_i \varphi_i\ln p_i + \frac{1}{2}\sum_i \sum_j \varphi_{ij}\ln p_i\ln p_j + \sum_i \varphi_{it}\ln(p_i)t \qquad (8\text{-}7)$$

其中，$i,j=CO$，OG，RE，分别代表煤炭、石油/天然气、可再生能源。p_E 是能源总价格；p_i 和 p_j 表示单个能源价格。求解每种能源价格对 $\ln p_E$ 的导数，可以得出能源的成本份额方程式：

$$S_i^* = \varphi_i + \sum_j \varphi_{ij}\ln p_j + \varphi_{it}t; \forall i,j = CO,OG,RE \qquad (8-8)$$

与估算要素成本份额方程的方法相同，为解决奇异性问题，删除石油/天然气的成本份额方程。我们可以用式（8-9）估计能源成本份额方程。与式（8-4）类似，也应对其施加累加、同质性和对称性限制。从这些限制条件中可以得出删除的石油/天然气成本份额方程。

$$S_i^{Fuel} = \varphi_i + \varphi_{it}t + \sum_j \varphi_{ij}\ln(p_j/p_{OG}) + \omega_i; \forall i,j = CO,RE \qquad (8-9)$$

两阶段估算过程按如下步骤进行。首先，估算式（8-9）中的能源成本份额。其次，可以通过式（8-7）获得拟合值 $\hat{p}_E$，并将其作为总能源价格（p_E）的工具变量（Cho et al.，2004；Ma et al.，2008）。确定式（8-7）中的参数 φ_0，以计算样本的起始年份 $\hat{p}_E = 1$ 和随后年份的相对价格指数。最后，使用工具变量 $\ln(\hat{p}_E)$ 进一步估计式（8-6）中的超对数要素成本份额等式。

以上模型是静态的，没有考虑资本的缓慢调整过程和锁定机制。资本存量（例如设备）在某种程度上是固定的，其调整非常耗时。因此，要素/能源投入对价格冲击的响应只能部分实现。为了对局部调整过程建模，本节在动态模型中指定了动态结构的误差修正形式。

假设要素或能源 i 在 t 时的最优份额为 S_{it}^*，而实际份额为 S_{it}，则部分调整过程表明成本份额向最优水平的改变只能部分实现，即：

$$S_{it} - S_{i,t-1} = (1-\lambda_i)(S_{it}^* - S_{i,t-1}) + \upsilon_{it} \qquad (8-10)$$

要素或能源的最优成本份额 S_{it}^* 由式（8-3）中成本份额的条件期望决定。$1-\lambda_i$ 用于测量 S_{it} 调整到最佳水平 S_{it}^* 的速率。接下来，将式（8-4）和式（8-6）代入式（8-10），得到动态调整的超对数要素和能源成本份额：

$$S_{it}^{Factor} = \alpha_i^* + \beta_i^* t + \sum_j \gamma_{ij}^* \ln(p_j) + \delta_i^* \ln(Y) + \lambda_i S_{i,t-1}^{Factor} + \upsilon_i;$$
$$\forall i,j = K,L,E \qquad (8-11)$$

$$S_{it}^{Fuel} = \varphi_i^* + \sum_j \varphi_{ij}^* \ln p_j + \varphi_{it}^* t + \lambda_i S_{i,t-1}^{Fuel} + \omega_{it}; \forall i,j = CO,OG,RE \quad (8-12)$$

其中，$\alpha_i^* = (1-\lambda_i)\ \alpha_i$，$\beta_i^* = (1-\lambda_i)\ \beta_i$，$\gamma_i^* = (1-\lambda_i)\ \gamma_i$，$\delta_i^* = (1-\lambda_i)\ \delta_i$，$\varphi_i^* = (1-\lambda_i)\ \varphi_i$，$\varphi_{ij}^* = (1-\lambda_i)\ \varphi_{ij}$ 和 $\varphi_{it}^* = (1-\lambda_i)\ \varphi_{it}$。假设进行瞬时调整，即 $\lambda_i = 0$，则动态调整模型是包含静态模型的一般规范。否则，静态模型的估计就会有偏差。

碳排放交易对电力能源消费结构的影响程度取决于要素/能源投入对价格变化的反应。常用的价格反应性度量方法有 Allen-Uzawa 部分替代弹性 σ_{ij}（AES）、自身价格弹性 η_{ii}（OPE）和交叉价格弹性 η_{ij}（CPE）。利用式（8-11）和式（8-12）中的估计参数，这些弹性（对于要素投入和单个能源）可以计算为：

$$\sigma_{ij} = TC \times \frac{\dfrac{\partial^2 TC}{\partial p_i \partial p_j}}{\left(\dfrac{\partial TC}{\partial p_i}\right)\left(\dfrac{\partial TC}{\partial p_j}\right)} = \frac{\gamma_{ij}^*\ (\text{or}\ \varphi_{ij}^*) + S_i S_j - S_i \omega_{ij}}{S_i S_j} \quad (8-13)$$

其中，当 $i=j$ 时，$\omega_{ij} = 1$；否则 $\omega_{ij} = 0$。

$$\eta_{ii} = \sigma_{ii} S_i \text{ 且 } \eta_{ij} = \sigma_{ij} S_i; \forall i \neq j \quad (8-14)$$

不难理解 AES 是对称的（即 $\sigma_{ij} = \sigma_{ji}$），因此 CPE 可能更可取，因为影响通常取决于价格（p_i 或 p_j）的变化。如果两个要素/能源的 CPE 为正，则它们可以相互替代；否则，它们是互补的。

应该注意的是，考虑碳排放交易导致化石能源成本上升之后，单个能源的价格变化不仅具有能源间替代效应，而且可能导致要素间替代，后者通过改变能源总价格来传递。考虑到要素间替代和能源间替代之间的这种联系，本节进一步计算了每个单独能源需求的自身价格弹性和交叉价格弹性，可以表示为：

$$\eta_{ii}^* = \eta_{ii} + \eta_{EE} S_i \text{ 且 } \eta_{ij}^* = \eta_{ij} + \eta_{EE} S_j, \forall i,j = CO,OG,RE \quad (8-15)$$

其中，η_{EE} 是能源消费的自身价格弹性。

二　测度要素间/能源间替代程度

由于 2003 年以前没有省级燃油价格的数据，为了估计要素间/能源间替代程度，本节使用了中国 30 个省份的年度面板数据。此外，由于数据严重缺失，西藏没有被包括在内。同样由于数据原因，本节分析不涉及台湾、香港和澳门。

各个省份产出（GDP）数据、要素投入（劳动力和能源）以及能源消费（主要是能直接产生碳排放的煤炭、石油和天然气）数据可从《中国统计年鉴》和《中国能源统计年鉴》中获得。2007 年之前各省份的资本存量直接从单豪杰（2008）的研究中获得，然后使用单豪杰（2008）描述的永续盘存法扩展到 2014 年。实际资本价格的度量方式为 $r_t = R_t - \pi_t + \delta_t$，其中 R_t 是名义利率，π_t 是通货膨胀率，δ_t 是折旧率。名义利率、通货膨胀率以及人均名义工资的数据也可以从中国高级数据库中获得。

此外，本节还逐年收集了每个省份的水电、风能、太阳能和核能的产量，据此计算了可再生能源的消耗量。煤炭、石油、天然气和可再生能源的零售价格并非来自生产者价格指数（PPI），而是直接从提供煤炭、石油、天然气和可再生能源发电零售价格的中国高级数据库中收集，因为 2003 年之后该数据库拥有每个省会城市的数据。同时，所有名义变量均已按 2003 年不变价格换算为实际价格。

利用上述数据，可将每种能源的成本份额表示为：

$$S_{i,t} = \frac{i \times P_{i,t}}{CO_t \cdot P_{CO,t} + OG_t \cdot P_{OG,t} + RE_t \cdot P_{RE,t}}; \forall i = CO, OG, RE \tag{8-16}$$

同理，劳动力和资本的成本份额可以表示为：

$$S_{i,t} = \frac{i \times P_{i,t}}{K_t \cdot P_{K,t} + L_t \cdot P_{L,t} + CO_t \cdot P_{CO,t} + OG_t \cdot P_{OG,t} + RE_t \cdot P_{RE,t}}; \forall i = K, L \tag{8-17}$$

能源的成本份额可以表示为：

$$S_{E,t} = \frac{CO_t \cdot P_{CO,t} + OG_t \cdot P_{OG,t} + RE_t \cdot P_{RE,t}}{K_t \cdot P_{K,t} + L_t \cdot P_{L,t} + CO_t \cdot P_{CO,t} + OG_t \cdot P_{OG,t} + RE_t \cdot P_{RE,t}} \tag{8-18}$$

将数据代入其中，可以计算出投入要素和能源的成本份额。

表 8-1 列示了用于估算替代程度的相关指标数据，包括要素/能源投入、价格和相应的成本份额。可以看出，在三种投入要素中劳动力成本平

均占 57.4%，能源成本占 17.4%。在三种单独的能源中煤炭所占份额为 55.4%，略低于其在能源结构中的比例，这是合理的，因为在转化为同一热量单位后，煤炭比石油和天然气便宜。可再生能源成本占能源总成本的 6.9%。

表 8-1　估计替代程度相关统计指标

变量	观测数	均值	标准差	最小值	最大值
要素/能源投入					
K	360	24339.560	25287.330	954.570	160234.300
L	360	2594.267	1783.946	289.800	8715.928
CO	360	128.108	102.197	3.520	450.010
OI	360	9.467	8.052	0.429	44.470
GA	360	3273.504	3369.950	0.000	17539.000
RE	360	19.667	29.351	0.000	208.712
要素/能源价格					
p_L	360	25267.870	11448.790	10297.120	78440.320
p_K	360	12.528	1.668	6.450	17.260
p_{CO}	360	769.578	304.661	308.960	1849.164
p_{OI}	360	7476.348	2087.691	3731.417	11329.970
p_{GA}	360	2.514	0.870	0.770	4.840
p_{RE}	360	0.679	0.130	0.354	0.930
要素/能源成本份额					
S_K	360	0.252	0.094	0.086	0.530
S_L	360	0.574	0.111	0.291	0.809
S_E	360	0.174	0.080	0.054	0.540
S_{CO}	360	0.554	0.193	0.144	0.916
S_{OG}	360	0.377	0.183	0.070	0.853
S_{RE}	360	0.069	0.077	0.000	0.355

注：石油/天然气在此处分石油（OI）和天然气（GA）两部分来统计。
资料来源：笔者计算。

表 8-2 是两阶段估算的结果，包括要素投入和单个能源的估算结果。将以上结果代入式（8-13）、式（8-14）和式（8-15），可进一步计算每个单独能源需求的自身价格弹性和交叉价格弹性，结果如表 8-3 所示。

表 8-2 成本份额方程的参数估计

能源间替代模型的成本份额方程			要素间替代模型的成本份额方程		
可再生能源成本份额			能源成本份额		
变量	系数	标准差	变量	系数	标准差
λ_{RE}	0.6623 ***	0.0394	λ_E	0.5851 ***	0.0314
$\varphi_{RE\text{-}RE}$	0.0180 **	0.0088	$\lambda_{E\text{-}E}$	0.1194 ***	0.0092
$\varphi_{RE\text{-}CO}$	−0.0126 *	0.0071	$\lambda_{E\text{-}K}$	−0.0743 ***	0.0049
$\varphi_{RE\text{-}OG}$	−0.0054	0.0096	$\lambda_{E\text{-}L}$	−0.0451 ***	0.0102
			δ_E	0.0338 ***	0.0121
$\varphi_{RE,t}$	0.0019 ***	0.0003	$\varphi_{E,t}$	−0.0066 ***	0.0015
φ_{RE}	0.1238 *	0.0747	φ_E	0.4474	0.1098
R^2	0.9578		R^2	0.9729	
煤炭成本份额			资本成本份额		
变量	系数	标准差	变量	系数	标准差
λ_{CO}	0.6759 ***	0.0307	λ_K	0.3440 ***	0.0270
$\varphi_{CO\text{-}RE}$	−0.0126 *	0.0071	$\lambda_{K\text{-}E}$	−0.0743 ***	0.0049
$\varphi_{CO\text{-}CO}$	0.1327 ***	0.0139	$\lambda_{K\text{-}K}$	0.1997 ***	0.0070
$\varphi_{CO\text{-}OG}$	−0.1201 ***	0.0131	$\lambda_{K\text{-}L}$	−0.1254 ***	0.0070
			δ_K	0.1282 ***	0.0149
$\varphi_{CO,t}$	−0.0061 ***	0.0005	$\varphi_{K,t}$	0.0045 ***	0.0017
常数项	0.4272 ***	0.0677	φ_K	−0.0200	0.0941
R^2	0.9829		R^2	0.9636	
石油/天然气成本份额			劳动力成本份额		
变量	系数	标准差	变量	系数	标准差
$\varphi_{OG\text{-}RE}$	−0.0054	0.0096	$\lambda_{L\text{-}E}$	−0.0451 ***	0.0102
$\varphi_{OG\text{-}CO}$	−0.1201 ***	0.0131	$\lambda_{L\text{-}K}$	−0.1254 ***	0.0070
$\varphi_{OG\text{-}OG}$	0.1255 ***	0.0167	$\lambda_{L\text{-}L}$	0.1704 ***	0.0135
			δ_L	−0.1620 ***	−0.0156
$\varphi_{OG,t}$	0.0043 ***	0.0005	$\varphi_{L,t}$	0.0021	0.0018
φ_{OG}	0.4490 ***	0.0979	φ_L	0.5726 ***	0.1324
Breusch-Pagan 检验	55.615 ***		Breusch-Pagan 检验	48.646 ***	
N	330		N	330	

注: *** 代表 $p<0.01$, ** 代表 $p<0.05$, * 代表 $p<0.1$。
资料来源: 笔者计算。

由表8-3可见，能源的自身价格弹性系数均为负数，表明当能源自身价格上涨时，该种能源的需求将降低；而能源交叉价格弹性均为正值，表明煤炭、石油/天然气、可再生能源之间是相互替代的，一种能源价格的上涨将引起另外一种能源需求的增加。

表8-3　能源的自身价格弹性和交叉价格弹性

变量	弹性系数	变量	弹性系数
$\eta^*_{RE\text{-}RE}$	-0.6807	$\eta^*_{CO\text{-}RE}$	0.0369
$\eta^*_{CO\text{-}CO}$	-0.2839	$\eta^*_{OG\text{-}RE}$	0.0453
$\eta^*_{OG\text{-}OG}$	-0.3427	$\eta^*_{RE\text{-}CO}$	0.2946
		$\eta^*_{OG\text{-}CO}$	0.1580
		$\eta^*_{RE\text{-}OG}$	0.2467
		$\eta^*_{CO\text{-}OG}$	0.1077

注：弹性是根据份额的平均值计算得出的，其中 $\overline{S}_{RE} = 0.0693$，$\overline{S}_{CO} = 0.5535$，$\overline{S}_{OG} = 0.3771$。

至此，我们得到了中国要素间/能源间替代程度的估计值，为进一步模拟计算碳交易对浙江省电源结构的影响奠定了数据基础。

三　模拟计算碳交易对浙江省电源结构的影响

碳交易带来的碳排放成本将直接增加发电企业消耗的能源成本（生产成本），每种发电能源价格的变化将通过能源的自身价格弹性和交叉价格弹性影响该种能源和其他能源的需求。浙江省的电源结构主要包括煤炭、天然气和非化石能源（包括风电、光伏、生物质、核电）等。下文首先计算考虑碳成本之后的每种发电能源价格的变动幅度，其次计算发电能源价格变动引起的能源需求的变动幅度，最后以浙江省2016年发电能源消耗为基准计算发电能源结构（即电源结构）的变动情况。

（一）考虑碳成本的化石能源价格变动测算

我们可以根据以下公式计算单位能源的综合成本：

$$P_{S,i} = P_i + P_{C,i}; \ \forall \ i = CO, OI, GA \tag{8-19}$$

其中，CO、OI、GA 分别表示煤炭、石油和天然气，$P_{s,i}$ 为能源 i 的综合成本，P_i 为不考虑碳成本时能源 i 的成本，$P_{c,i}$ 为能源 i 的碳成本。

单位能源的碳成本可以通过以下公式计算得出：

$$P_{c,i} = Q_i \times C_i \times PC; \forall i = CO, OI, GA \tag{8-20}$$

其中，Q_i 为能源 i 的热值系数，C_i 为能源 i 的二氧化碳排放因子，PC 为碳价格。

因此，考虑碳成本之后能源价格上涨的幅度可以表示为：

$$R_i = \frac{P_{c,i}}{P_i}; \forall i = CO, OI, GA \tag{8-21}$$

化石能源的热值系数和二氧化碳排放因子如表 8-4 所示。

表 8-4　化石能源的热值系数和二氧化碳排放因子

类型	热值系数	二氧化碳排放因子
煤炭	0.7143 千克标准煤/千克	2.763 千克二氧化碳/千克标准煤
石油	1.4286 千克标准煤/千克	2.145 千克二氧化碳/千克标准煤
天然气	1.33 千克标准煤/米³	1.642 千克二氧化碳/千克标准煤

考虑两种均衡碳价格情形，即碳价格为 90 元/吨和 118 元/吨两种情形，再结合表 8-4，我们可计算出考虑碳成本的化石能源价格变动情况，结果如表 8-5 所示。

表 8-5　碳交易均衡状态对化石能源价格造成的影响

项目	总量限额情景一	总量限额情景二
市场均衡碳价格（元/吨）	118	90
煤炭（元/吨）	232.9	177.6
石油（元/吨）	361.6	275.8
天然气（元/米³）	0.26	0.20

注：与本书前述设定一致，"总量限额情景一"是根据哥本哈根会议以及"十三五"规划纲要中的承诺，保持碳强度年均 4% 的下降幅度；"总量限额情景二"是考虑到电力行业碳强度下降难度比其他行业更大，设定电力行业碳强度年均 3% 的下降幅度。下同。

再以浙江省 2018 年化石能源价格作为基数测算碳交易对化石能源价格

的影响程度，计算结果如表 8-6 所示。

表 8-6　碳交易均衡状态对化石能源价格的影响程度

项目	总量限额情景一	总量限额情景二
市场均衡碳价格（元/吨）	118	90
煤炭（%）	38.67	29.50
石油（%）	4.11	3.14
天然气（%）	6.09	4.65
油气加权平均（%）	4.50	3.44

注：油气加权平均值所用的权重系数以浙江省能源结构中石油和天然气各占 21.2% 和 5.2% 计算得出。

由表 8-6 可知，当碳交易市场均衡碳价格分别为 90 元/吨、118 元/吨时，煤炭价格分别上涨 29.50%、38.67%，石油价格分别上涨 3.14%、4.11%，天然气价格分别上涨 4.65%、6.09%，油气加权平均价格分别上涨 3.44%、4.50%，可见燃煤发电企业的生产成本上涨比例将显著高于燃油或燃气发电企业的生产成本。

（二）化石能源价格变动引起的能源需求变动测算

在表 8-6 化石能源价格变动幅度的基础上，结合表 8-3 能源价格弹性系数，可测算出每种化石能源的需求变动，计算结果如表 8-7 所示。

表 8-7　碳交易均衡状态下能源需求变动

单位：%

项目	总量限额情景一	总量限额情景二
煤炭价格上涨造成的新能源需求上升	11.39	8.69
油气价格上涨造成的新能源需求上升	1.11	0.85
新能源需求上升	12.50	9.54
煤炭价格上涨造成的煤炭需求下降	−10.98	−8.37
油气价格上涨造成的煤炭需求上升	0.12	0.09
煤炭需求下降	−10.86	−8.28
油气价格上涨造成的油气需求下降	−1.54	−1.18
煤炭价格上涨造成的油气需求上升	6.11	4.66
油气需求上升	4.57	3.48

由表 8-7 可见，碳交易使得碳排放较高的煤炭需求大幅下降，而新能源需求大幅上升，较好地验证了碳交易市场的建设会促使电源结构朝低碳化与清洁化方向发展。

（三）浙江省电源结构变化测算

基于前文计算结果，结合浙江省 2016 年发电能源结构（见表 8-8），本节测算了碳交易均衡状态下浙江省电源结构的变化情况（见表 8-9）。

表 8-8　浙江省 2016 年发电能源结构

类型	发电量（亿千瓦时）
1. 非化石能源	895.00
其中，风电	23.42
光伏	22.17
生物质	70.58
核电	778.83
2. 煤电	2230.33
3. 气电	180.84
4. 外调电力	684.46
合计	3990.63

表 8-9　2018 年碳交易均衡状态下浙江省电源结构的变化

项目	总量限额情景一		总量限额情景二	
	变化量（亿千瓦时）	变化比例（%）	变化量（亿千瓦时）	变化比例（%）
煤电	-242.2	-10.86	-184.7	-8.28
气电	8.3	4.57	6.3	3.48
可再生能源发电	111.9	12.50	85.4	9.54
外调电力	130.3	19.04	99.4	14.52

由表 8-9 可知，在总量限额情景一（即均衡碳价格为 118 元/吨）和总量限额情景二（即均衡碳价格为 90 元/吨）两种情形下，2016~2018 年浙江省煤电的变化量分别为-242.2 亿千瓦时、-184.7 亿千瓦时，煤电规模减小的比例分别为 10.86%、8.28%；而对应的可再生能源发电的变化量

分别为 111.9 亿千瓦时、85.4 亿千瓦时，可再生能源发电规模增加的比例分别为 12.50%、9.54%。由此可见，碳交易市场对浙江省的电源结构具有显著影响。

综上，碳交易市场的建立会促使电源结构朝低碳化与清洁化方向发展。当碳交易价格达到较高水平时，燃煤发电企业的生产成本上涨比例将显著高于燃油或燃气发电企业的生产成本，在资源禀赋及技术条件允许的情况下，浙江省的电源结构将由燃煤发电转向燃气燃油和可再生能源发电。

8.3　电力公司的应对策略

为了应对碳排放权交易对省内电网的直接影响，有必要关注以下五点。

第一，为了减轻电网企业减排压力，避免由经济增长和产业结构调整引致输电量的快速增长所带来的履约风险，同时兼顾碳减排效果，在确定碳排放权分配方法时，电网企业应优先考虑历史强度法或基准线法，参考已有的区域性碳交易市场采用"免费发放为主、有偿使用为辅"的配额发放形式。

第二，为了最大限度地减少电网的输配线损失，从中长期来看应该持续加大对降低输配线损失技术研发及应用的投入，不断优化智能电网、特高压输电、分布式能源并网等技术，优先采取供电用电就地平衡方法，尽量减少长距离输电，逐步降低电网输配线损失引起的碳排放。

第三，结合浙江省"十三五"电网规划要求，通过智能调度，大力吸收天然气发电、水电、风电及光伏发电入网，降低电网平均基准线排放因子，促进电网节能减排。

第四，积极应用能源互联网，借鉴"浙江嘉兴城市能源互联网综合试点示范项目"的成功经验[①]，进一步挖掘电力能源互联网的潜力，实现电

---

① 2019 年 8 月 29 日，浙江嘉兴城市能源互联网综合试点示范项目通过浙江省能源局验收，这标志着全国首个城市级能源互联网示范项目在浙江建成。项目核心示范区实现了可再生能源 100% 接入与消纳及清洁能源、高效电网、低碳建筑、智慧用能、绿色交通的广泛开放互联。

源与电网的高效协同规划，打破传统电源规划对能源分布的依赖。通过能源互联网，发电端和用电端能够实现信息互联互通，优化电力资源配置，降低对大规模远距离输电的依赖，有效降低输电过程中的能源损耗，进而削减电网运行中的碳排放。

第五，按照习近平总书记 2014 年 6 月在中央财经领导小组第六次会议上提出"四个革命、一个合作"能源安全新战略的要求，既要重视发电侧的低碳，也要关注需求侧的低碳管理。电网企业应在电力消费端积极推广智能用电技术，合理设置智能交互终端设备的运行参数，以提高终端设备的运行效率，避免电力资源浪费，减少碳排放。

为了应对碳排放权交易对电网的间接影响，有必要关注以下两点。

第一，由于当前上网实行标杆电价，碳交易导致发电企业成本的上升或下降都难以对电网的购电成本产生影响，但是随着我国电力交易市场化改革的推进，未来电网购电成本和销售电价都将朝着市场化方向转变。尤其是 2019 年 9 月 26 日国务院常务会议决定，从 2020 年 1 月 1 日起取消煤电价格联动机制，将标杆上网电价机制改为"基准价+上下浮动"的市场化机制，即释放了电力体制将朝着市场化方向发展的信号。而浙江省自2015 年启动新一轮电力体制改革以来，至 2019 年 5 月 30 日启动电力现货市场模拟试运行，这标志着浙江电力体制改革取得重要阶段性成果。因此，从中长期来看，面对电力交易市场化的转变，电网企业应加强对发电企业的甄别筛选，寻找能为电网实现效益最大化的供电来源。

第二，为了克服碳交易对发电企业发电方式和发电结构的潜在影响及其对电网稳定性和调峰的影响，需要电网企业采取多种调峰措施来保障电网正常运行。考虑到当前浙江省内常规燃煤机组的基本调峰能力不足，而天然气机组只能纯顶峰运行、频繁启停，机组可靠性降低等现状（浙江省电力行业发展现状及趋势分析课题组，2018），除了传统调峰措施，还应从供电侧（比如合理布局电源结构，适当稳定可再生间歇式电源及核电等非调峰电源的比例）、用电侧（削峰及填谷电力需求响应机制）保证电网安全平稳运行。

| 第9章 |

研究结论及政策建议

9.1 研究结论

本书在我国新常态经济和能源电力体制改革的背景下，在深入研究国内外碳交易理论和剖析其实际运行特征的基础上，基于碳排放权初始分配方案中兼顾效率与公平，并设置配套措施调动交易主体的活跃度的基本原则，对浙江省碳交易市场的模式进行探索，以适应保障浙江省绿色可持续电力供应的新要求。在理论研究的基础上，结合浙江省实际经济、能源和电力运行数据，模拟浙江省碳排放权限额交易体系的运行状况，分析碳交易对浙江省电网的影响，进而提出保障电力供应和优化电网企业运营的应对策略，得到如下结论。

第一，通过对比各地区的减排成本和减排潜力变化趋势，发现各地区减排成本呈现下降趋势，但减排潜力和减排成本差异很大，这表明加快建设全国碳市场的必要性和迫切性。

第二，通过计算碳排放权交易市场出清时各省份的最优减排量和碳排放权交易价格，发现其与科斯定理一致，即最终市场出清时的市场交易价格与初始碳排放权分配无关，约为214元/吨。如果存在市场交易机制，浙江省会选择在市场上购买一部分排放配额而非由自身完成所有的减排目标，此种情形下浙江省2014~2020年的碳强度只需下降8.9%，减排成本大约为67.5亿元，相比于两种没有碳交易的情形，2020年可以分别节约

333 亿元和 559 亿元。

第三，通过分析国内已有的碳排放权交易市场试点的经验，发现碳交易确实起到了促进低碳绩效提高的作用，但同时也普遍存在配额过量、有失公平（尤其是对减排先行者）、重复计算、基准不统一、规则不透明等问题。目前尚未出台碳市场建设方案的工作细则，基于已有试点的经验教训，应该积极发挥其在碳市场建设中的后发优势，结合各地实际情况和需求，优化分配方案，让市场机制成为能够促进各地区各行业完成减排目标的真正经济有效的途径。

第四，通过对电力行业碳排放权交易市场的模拟测算，发现我国电力行业的碳减排潜力在区域之间存在较大差异，表明各地存在不同的碳边际减排成本，减排难度系数的估计结果验证了这一点。东部地区的碳减排难度显著高于西部地区，而减排难度的地区差异意味着可以通过交易减排配额降低全国整体的碳减排成本。市场均衡时的交易量受到初始配额分配的影响，但由于减排难度的差异，无论是采用"祖父制"还是"基准制"，广东、浙江等东部省份将成为主要的碳减排配额购买方，而新疆、内蒙古等西部省份则是主要卖出方。但是，模拟结果也表明在最终均衡状态下各省份的最优减排量及市场出清价格不受初始配额分配的影响，这与科斯定理是一致的。

第五，在不同的减排总量限额下，电力行业的碳交易均衡价格有较大幅度变化。这意味着当市场对碳减排配额需求的预期变化时（甚至不需要真实的减排总量限额变化），碳交易价格就可能发生较大波动。这种波动可能是由碳边际减排成本的内在特征导致的，这种内在的市场价格高波动性可能与电力价格由政府主导的政策存在不一致，而这种不一致可能成为电力行业全国碳交易市场稳定、高效运行的潜在风险来源。

第六，通过分析碳排放权交易对电网的影响，发现碳排放权交易会影响电网企业的减排行为，增加电网企业的生产经营成本，直接对电网企业的经营造成压力。碳交易市场的建立会促使电源结构朝低碳化与清洁化方向发展，当碳交易价格达到较高水平时，燃煤发电企业的生产成本上涨比例将显著高于燃油或燃气发电企业的生产成本，在资源禀赋及技术条件允许的情况下，浙江省的电源结构将由燃煤发电转向燃气燃油和可再生能源发电。此外，碳交易市场的建立扩大了可再生能源发电的规模，可再生能源发电技术的快速发展对电网的调度运行与规划提出了更高要求，导致电网调度运行的难度加大。

第七，为应对碳排放权交易对电网的影响，首先，电网企业应加大对降低输配线损失技术研发及应用的投入，不断优化智能电网、特高压输电、分布式能源并网等技术，优先采取供电用电就地平衡方法，尽量减少长距离输电，进一步发挥电力能源互联网实现电源与电网协同规划的作用，使电源规划不再受能源分布的限制，逐步降低电网输配线损失引起的碳排放。其次，关注需求侧的低碳管理，电网企业应在电力消费端积极推广智能用电技术，通过合理设置智能交互终端设备的运行参数，提高终端设备的运行效率，避免电力资源浪费，减少碳排放。再次，从中长期来看，随着电力交易市场化程度逐渐提高，电网企业应加强对发电企业的甄别筛选，寻求能为电网实现效益最大化的供电来源。最后，为了克服碳交易对电网稳定性和调峰的影响，需要电网企业采取多种调峰措施来保障电网正常运行，浙江省除了采取传统调峰措施，还应从供电侧（比如合理布局电源结构，适当稳定可再生间歇式电源及核电等非调峰电源的比例）、用电侧（削峰及填谷电力需求响应机制）保证电网安全平稳运行。

9.2　政策建议

碳交易市场机制作为解决碳排放问题的市场激励型方法具有坚实的理论基础和丰富的应用经验，在区域性碳交易试点市场推出多年以后，中国在电力行业率先推出全国性碳交易市场，未来极可能在更广泛的领域推动全国性碳交易市场，以应对日益加剧的碳排放问题。本书在分析碳排放权交易市场机制及作用机理的基础上，分解碳交易市场交易标的对应的碳排放量，分析已有碳交易试点市场特征并评估其减排效应，基于既定减排目标模拟分析电力行业全国性碳交易市场运行结果及其对电源和电网的影响。在以上研究的基础上，本节就全国性碳交易市场体制机制建设提出以下建议。

一　优化总量限额和配额分配设计

（一）　优化排放限额决定机制

合理设定碳排放总量能够兼顾碳减排和经济发展双重目标，碳减排总量受碳排放限额影响，合理确定碳排放限额既有利于碳排放主体形成确定性预期，从而更倾向于积极参与减排行动以促进碳减排目标实现，也能够保证既定减排目标下碳交易市场参与者根据既定减排技术特征和减排成本在自身减排和购买配额之间相机抉择，发挥碳交易市场机制的资源配置功能，降低既定目标下的碳排放成本。

碳排放总量设计决定市场可供交易的碳排放总量，在确定碳排放限额时应考虑碳排放区域、行业及个体的异质性，中国东中西部地区碳排放及其驱动因素具有较大差异，应重点考虑产业结构、能源结构、经济发展水平、能源效率等因素对碳排放量变化作用程度的差异及其变化趋势。对于碳排放基数小、减排潜力较大、第二产业占比较高、能源资源丰富、要素替代效应强的中西部地区可设定较高的减排要求，而给予碳排放基数大、减排潜力空间有限、第三产业占比较高、能源资源相对匮乏、要素替代效应弱的东部地区较低的减排要求。同时，也需兼顾经济发展水平的地区差异，考虑到碳减排对相邻区域具有正外部性，所以应适当给予碳减排任务较重的中西部地区（或承担更多减排任务的主体）专项补贴，减小过重的碳减排任务对中西部原本欠发达地区经济社会发展的负面冲击。

（二）　合理确定初始配额分配

市场参与者的初始配额是由碳排放总量和排放个体特征共同决定的。虽然已有的碳交易试点经验表明，初始配额较大的试点省份，其碳交易规模和累计交易金额均较大，例如广东和湖北的碳排放配额占比分别为 35.0%、21.2%，截至 2018 年末累计碳交易量占比分别为 37.1%、27.1%，累计交易金额占比分别为 24.7%、27.0%。但是，国际上较为成熟的碳交易市场表明，初始配额不宜过高，适度从紧更利于碳排放交易市场交易需求及活跃度的提升，因为配额供大于求是导致市场交易活跃度低的主要原因。中国已有的碳交易试点市场涵盖的碳排放量占比较小，且配额分配以免费为主，导致市场交易量和交易额较小，市场活跃度较低。因此，未来在全国性市场确立偏紧的初始配额，既能推动碳减排目标实现，也有利于提高碳交易需求和交易活跃度。

在总的初始配额确定之后，如何在市场参与者间进行分配以及坚持何种分配原则，也会对市场参与者的减排成本和减排行动，甚至整体减排效果产生影响。关于初始配额分配原则，应选择从"免费分配为主、有偿分配为辅"逐步向"有偿分配为主、免费分配为辅"转变，免费配额越低则可再生能源技术创新的可能性越高（齐绍洲、张振源，2019）。在全国性碳交易市场建立初期，碳成本对参与个体乃至经济整体都将产生一定冲击，需要设置适当过渡期及缓冲期。随着碳交易的不断推广，市场参与主体逐步适应并形成既定预期，增加有偿分配占比将激发参与主体向低碳生产转型的动力。而在具体分配方法选择中，应综合考虑参与主体所属行业及个体自身的差异性，宜采取"祖父制"和"基准制"相结合的方法。碳交易市场模拟分析表明，中国东部地区"基准制"原则下的减排配额要大于"祖父制"原则下的减排配额，而中西部地区则恰恰相反，因此需要因时因地制宜。"基准制"可能更具有创新效应，采用"基准制"进行分配时，应考虑地区整体经济发展水平、减排难度区域异质性及行业异质性、技术特征差异等因素。

（三）增强对碳排放变化的预见性

碳排放及其权利是碳交易市场机制建立的基础，明确驱动碳排放变化的核心因素，尤其是考虑碳排放驱动因素在地区及各省份之间的差异，比如资本能源替代、劳动能源替代、技术效率变化、技术进步、经济结构、经济增长、能源结构等因素对碳排放的作用效应差异，有利于在全国性碳交易市场建设中对各个省份碳排放总量限额和初始配额进行合理设定。资本能源替代、技术进步和经济结构变化有效地降低了二氧化碳排放，且在东中西部地区存在差异；而经济增长仍然是推动碳排放的首要因素，在西部地区表现尤为明显；技术效率和能源结构的变化，也存在较大的地区差异。因此，未来在设定全国性碳排放总量限额及初始配额时，应该考虑各地区驱动碳排放增长或减少的因素及其变化趋势，增强碳排放及减排目标的科学性和预见性，通过市场机制引导各地区及各市场参与者集中于减少碳排放的路径，也有利于市场参与者形成合理预期，减小碳排放波动对碳交易市场的不利影响。

二　增强碳交易市场政策的减排效应

（一）促进形成碳排放成本内部化意识

碳排放交易市场带来的最为直接的效应是碳排放成本被量化，市场参与者将碳排放决策纳入生产经营决策，以往"先发展，后治理"的传统发展模式因不考虑环境成本因素而造成巨额环境污染治理成本。碳排放权交易体系对碳排放进行定价，不仅是将碳排放的外部成本内部化，更重要的是碳排放被视为一种"负向"投入要素或产出"抵减"项被纳入碳交易市场参与主体的生产经营决策，有利于增强市场参与主体将碳排放成本内部化的意识，促使参与者主动树立绿色高质量发展理念，激励参与者积极研发低碳生产技术和改进经营方式，最终促进全社会共同参与碳减排行动，从而显著降低碳排放量或降低碳排放的增长速度。

（二）提高碳交易市场活跃度和流动性

碳交易试点市场政策效应评价显示，市场交易活跃度较高的地区（如湖北），其碳减排效果较为显著。提升碳交易市场的流动性对于提高碳排放权交易的活跃度至关重要，这有助于形成有效的市场价格信号，从而指导市场参与者调整排放行为，以实现碳减排的目标。如何提高市场活跃度和流动性是碳排放权交易机制设计的关键。

首先，合理设定碳排放配额，适当提高有偿配额比例，建立配额储备机制，保留合理的 CCER 抵消比例。碳排放配额决定市场参与主体总的排放量及减排目标，较低的排放限额能够增强减排效应，而适当提高有偿配额比例，有利于激发市场参与者减排积极性；建立适当的配额储备机制有利于市场参与者形成跨期决策，增加市场碳排放权供应量，优化市场参与者决策行为；保留适当的 CCER 抵消比例有利于平衡市场碳排放权的供需关系，CCER 抵消机制能够激发市场参与者主动减排行为，发挥其比较优势，创造更大碳排放权，在一定程度上能够提高碳排放参与主体的资源配置效率，并积极促进减排实现。

其次，扩大市场参与者，尤其鼓励更多合格投资者进入市场，在增加碳交易市场供应量的同时增加投资群体，提高市场交易活跃度，增强碳排放权交易市场的流动性。北京、深圳、广东和湖北碳交易试点参与企业数量较多，4个试点市场的碳交易市场活跃度在7个试点市场中也较高。湖北碳交易试点市场中准入行业达到16个，且强制纳入碳交易市场的条件较低（即综合能耗在1万吨标准煤及以上的工业企业）；北京强制纳入市场的条件较低，为年碳排放量大于5000吨的企业；而深圳强制纳入市场的条件最低，为任意一年碳排放量达到3000吨二氧化碳当量以上的企业。更多市场参与者能够更好地提高碳交易市场在资源配置方面的效率，有利于增强碳减排效应。除了直接参与碳排放权交易市场的主体，鼓励引进更多专业投资机构，培育碳排放权专业投资机构，有助于发挥市场在碳排放权定价中的指导作用，优化价格形成机制，发挥价格信号对参与主体减排行为的指引功能。

最后，适当丰富碳排放权衍生产品种类，优化碳金融产品创新，增强碳排放权的流动性。已有各碳交易试点市场推出了碳配额回购融资、质押融资、配额远期等促进碳排放权变现的金融产品及其衍生产品，但受制于交易市场分割、交易规模较小、交易规则不同等，基于碳排放权的碳金融产品交易规模较小，投资者认可度低，导致碳金融产品运用程度低，不能充分发挥碳金融产品及其衍生品对碳排放权交易活跃度和流动性的支持作用。未来全国性碳交易市场将覆盖更广阔的地域及市场参与主体，市场交易规则趋于统一，碳金融产品参与者将更多，应充分发挥碳金融及其衍生品对碳排放权的定价功能，增强碳排放权流动性，活跃市场交易，优化资源配置。

（三）引导参与者发展低碳减排技术

研究表明，碳排放权限额交易体系通过创新效应、激励效应和替代效应激励碳配额富余部门进一步降低碳排放量，通过规模效应、惩罚效应和替代效应倒逼碳配额短缺部门努力缩小碳排放规模，通过市场交易机制使碳排放配额供需双方能够以较低成本完成全社会的碳排放控制目标。对中国碳排放变化的驱动因素分析显示，技术进步的碳减排效应显著并有增强趋势，尤其在东部发达省份表现明显，因此，应进一步利用交易市场机制促进东部发达地区的技术创新；而全国性模拟交易结果表明，多数东部省份需要购买碳排放配额，而中西部省份则是市场中配额的主要提供者，因此中西部地区应充分利用碳排放配额转让获取的资金，加强自身低碳减排技术的研究，将碳减排成本优势转化为低碳生产的技术优势，进一步降低社会减排总成本。

（四）完善碳交易市场基础设施和能力建设

完善碳交易市场配套基础设施和能力建设，是保证碳交易市场体系稳定运行，增强碳交易市场发挥市场机制实现碳减排效应的保障。碳交易市场的高效运作依赖一系列坚实、全面且安全的基础硬件与软件支撑。这不仅涵盖了固定的交易场所、稳固且可靠的信息技术架构、独立的第三方核查机构，还包括了广泛的市场参与者和专业的咨询服务机构。此外，市场的有效运行还需要一套统一的交易规则、透明的信息披露机制、合理的配额初始设定、公正的配额分配原则以及适度的配额抵消机制。这些要素共同构成碳交易市场稳定发展的基石，确保市场的健康发展、有序竞争和高效交易。通过完善这些基础设施，碳交易市场才能更好地发挥其在碳减排和资源优化配置中的作用，实现低成本减排的目标。

三 平衡碳交易市场的公平与效率

（一）发挥自发调节和政府调控激励相容机制

碳排放权交易市场是源自政府政策顶层设计，运用市场机制解决碳减排问题，目的在于形成以市场为主导、以政府为辅助、以政策为指引、以价格为信号的激励相容市场竞争机制，激发市场参与主体节能减排动力，通过市场优胜劣汰的竞争机制提升参与主体的技术水平、减排效率、创新能力，形成正向激励，同时倒逼技术水平低、减排效率低、创新能力弱的参与主体进行主动减排。在全国范围内建立碳交易市场，涉及碳排放权在更大范围内的流通与交易，政府应发挥其在政策引导、规则制定、方案设计、行为约束等方面的规划及监督职能，加大对超出限额排放行为的惩处力度，减少对碳排放交易市场的行政干预。各地政府应避免出现本位思想，而应从全局出发，树立大局意识，通盘考虑，促进碳排放权在全国范围内的交易，在更大范围内促进市场交易机制的形成。

（二）维护公平交易并提高市场资源配置效率

市场交易动机也将影响碳交易市场运行效率，以履约为主要目的的市场会导致参与主体数量及类型单一，以履约为目的的市场存在集中交易，即出现履约期集中交易的"潮汐"现象，大大降低了碳交易市场在价格发现及资源配置方面的效率。中国各地区经济社会发展水平不均衡，在全国范围内推行碳交易市场，更需关注区域异质性和主体异质性，创造相对公平的市场环境，扩大市场参与规模，如此才能更好地利用市场资源调节机制。例如，"基准制"配额方案比"祖父制"配额方案能够带来更多的成本节约，这主要是因为"基准制"下的初始分配更加偏离各省份最优减排组合，因此从长期来看应该采用"基准制"分配方法，以更低的成本实现减排目标。

（三）价格应该反映减排主体的边际减排成本

碳排放权初始拍卖价格应该能够较好地反映边际减排成本，有利于均衡价格的发现，通过价格信号指导参与主体的排放行为。当前试点地区碳交易价格过低，企业减排的压力及动力不足，难以激励企业进行节能和低碳技术的研发投入。2017 年和 2018 年碳交易试点碳排放权平均价格分别为 16.4 元/吨、20.2 元/吨，而近年来试点市场的价格在 15~40 元/吨的区间内波动，这远低于国际主要碳排放权交易市场的价格[①]，而美国估计的碳排放社会成本为 46 美元/吨[②]（Gillingham and Stock, 2018），本书模拟测算的均衡碳价格为 192 元/吨，周林等（2020）模拟测算的价格为 90元/吨，傅京燕和代玉婷（2015）研究得出均衡碳价格为 217.22 元/吨。将碳价格维持在适当的水平，有利于建立碳交易价格的激励相容机制，提

[①] 2019 年 6 月全球主要碳排放权交易市场的碳价格为 16.23~26.76 美元/吨，折合人民币为112~185 元/吨。

[②] 假设美元汇率按照 6.6 计算，46 美元/吨约为 304 元/吨。

高碳交易市场资源配置效率。

（四） 强化碳减排目标的约束力及惩罚机制

对于难以完成减排目标的参与主体，加大惩罚力度，建立有力的约束机制，减少碳排放的道德风险。碳排放权交易市场的建立应以降低碳排放为目标，以市场激励机制为核心手段，但市场机制能否发挥作用还依赖碳排放总量及配额的设定，而这又依赖碳减排目标的确定。因此，碳排放权减排目标设定及强制性约束对通过碳交易市场提高碳减排效率十分关键，同时只有强制性设定碳减排目标才能促使并激励市场参与者通过交易或自身减排实现低成本减排目标，这是正向激励机制。此外，对于未达到减排目标的市场参与主体要进行适当的惩罚，如此才能从消极方面逼迫参与主体积极减排，并且惩罚的力度应具有累加性或累进性，如此方能最大限度地促使市场参与者积极参与减排，否则可能存在减排行动中的道德风险。

四 发挥碳交易市场正向效应并减小负面冲击

（一） 利用碳交易市场推进中国能源结构优化

电力行业全国性碳交易市场使碳成本被内化于能源价格之中，含有碳成本的化石能源将通过自身价格弹性和能源间交叉价格弹性推进能源结构由传统化石能源向清洁能源转变，发电能源结构将得到优化，同时也将进一步降低发电行业的碳排放，从而形成降低碳排放的良性循环。因此，即便短期内会因碳排放成本而增加能源消耗的成本，但从长期来看能源行业的碳排放权交易市场建立将有利于促进清洁低碳能源的利用，优化中国能源结构。

（二） 抓住全国碳排放权交易市场建立的时机

相比碳排放权交易市场建立之前，碳排放权交易市场建立之后显然会增加碳排放企业的绝对成本，即便在市场建立初期碳排放配额以免费分配为主，但随着时间推移，免费配额占比会逐渐降低，企业生产成本的绝对量必然会增加。但是，碳排放权交易市场建立势在必行，因此选择建立碳排放权交易市场的时机十分关键，恰当选择政策推动时点，一方面需要顾及政策推行可能对经济社会的全面影响，另一方面需要考虑政策被施加主体的接受度和承受度，这将对政策实施的效果产生重大影响。既然碳排放权交易市场的推行会导致用能企业生产成本增加，并会通过产业链传导至最终消费者，那么选择在化石能源价格相对较低阶段推行政策，可能会对用能企业及产品终端消费者产生较小的影响，并且碳排放权交易市场参与者对政策的接受度和承受度会高一些。从近年来化石能源价格变化趋势来看，动力煤价格自 2016 年下半年启动上涨，至 2018 年底达到阶段性高点并逐步下降，当前仍然呈现下降的趋势，而油气价格与动力煤价格走势类似，2020 年随着国际油价下跌，油气价格也快速下降。整体来看，化石能源处于相对低点，是建立全国性碳排放权交易市场较好的时机。

（三）加快电力市场改革和化解产业链利益冲突

由于当前上网实行标杆电价，碳交易导致发电企业成本的上升或下降都难以对电网的购电成本产生影响，但是随着中国电力交易市场化改革的推进，未来电网购电成本和销售电价都将朝着市场化方向转变。尤其是 2019 年 9 月 26 日国务院常务会议决定，从 2020 年 1 月 1 日起取消煤电价格联动机制，将标杆上网电价机制改为"基准价+上下浮动"的市场化机制，即释放了电力体制将朝着市场化方向发展的信号。从中长期来看，面对电力交易市场化的转变，电网企业应加强对发电企业的甄别筛选，寻找能为电网实现效益最大化的供电来源。

（四）电网应有效积极应对碳交易的负面冲击

中国将首先在发电行业推行全国性碳交易市场，未来不排除将电网纳入全国碳交易市场范围。为了减轻电网企业减排压力，避免由经济增长和产业结构调整引致输电量快速增长所带来的履约风险，同时兼顾碳减排效果，在确定碳排放权分配方法时，电网企业应优先考虑历史强度法或基准线法，参考已有的区域性碳交易市场采用"免费发放为主、有偿使用为辅"的配额发放形式。而为了最大限度地减少电网的输配线损失，从中长期来看应该持续加大对降低输配线损失技术研发及应用的投入，不断优化智能电网、特高压输电、分布式能源并网等技术，优先采取供电用电就地平衡方法，尽量减少长距离输电，逐步降低电网输配线损失引起的碳排放。为了克服碳交易对发电企业发电方式和发电结构的潜在影响及其对电网稳定性和调峰的影响，需要电网企业采取多种调峰措施来保障电网正常运行，考虑到常规燃煤机组的基本调峰能力不足，而天然气机组只能纯顶峰运行、频繁启停，机组可靠性降低等现状，除了传统调峰措施，还应从供电侧（比如合理布局电源结构，适当稳定可再生间歇式电源及核电等非调峰电源的比例）、用电侧（削峰及填谷电力需求响应机制）保证电网安全平稳运行。

参考文献

安崇义、唐跃军，2012，《排放权交易机制下企业碳减排的决策模型研究》，《经济研究》第 8 期。

巴曙松、吴大义，2010，《能源消费、二氧化碳排放与经济增长——基于二氧化碳减排成本视角的实证分析》，《经济与管理研究》第 6 期。

曹静、周亚林，2017，《行业覆盖、市场规模与碳排放权交易市场总体设计》，《改革》第 11 期。

曹静，2009，《走低碳发展之路：中国碳税政策的设计及 CGE 模型分析》，《金融研究》第 12 期。

陈波、刘铮，2010，《全球碳交易市场构建与发展现状研究》，《内蒙古大学学报》（哲学社会科学版）第 3 期。

陈波，2013，《中国碳排放权交易市场的构建及宏观调控研究》，《中国人口·资源与环境》第 11 期。

陈诗一，2010，《工业二氧化碳的影子价格：参数化和非参数化方法》，《世界经济》第 8 期。

陈婉，2020，《绿色金融多领域实现新突破》，《环境经济》第 23 期。

陈晓红、王陟昀，2012，《碳排放权交易价格影响因素实证研究——以欧盟排放交易体系（EU ETS）为例》，《系统工程》第 2 期。

陈欣、刘明、刘延，2016，《碳交易价格的驱动因素与结构性断点——基于中国七个碳交易试点的实证研究》，《经济问题》第 11 期。

程志超、王丹、沈佩龙等，2011，《碳交易给我国节能减排目标带来的风险与机遇》,《北京理工大学学报》(社会科学版) 第 6 期。

崔连标、范英、朱磊等，2013,《碳排放交易对实现我国"十二五"减排目标的成本节约效应研究》,《中国管理科学》 第 1 期。

单豪杰，2008,《中国资本存量 K 的再估算：1952-2006 年》,《数量经济技术经济研究》 第 10 期。

段茂盛、邓哲、张海军，2018,《碳排放权交易体系中市场调节的理论与实践》,《社会科学辑刊》 第 1 期。

段茂盛、庞韬，2014,《全国统一碳排放权交易体系中的配额分配方式研究》,《武汉大学学报》(哲学社会科学版) 第 5 期。

段茂盛、庞韬，2013,《碳排放权交易体系的基本要素》,《中国人口·资源与环境》 第 3 期。

冯阳、路正南，2016,《差别责任视角下碳排放权区域分配方法研究》,《软科学》 第 11 期。

付强、郑长德，2013,《碳排放权初始分配方式及我国的选择》,《西南民族大学学报》(人文社科版) 第 10 期。

傅京燕、代玉婷，2015,《碳交易市场链接的成本与福利分析——基于 MAC 曲线的实证研究》,《中国工业经济》 第 9 期。

郭建峰、傅一玮，2019,《构建全国统一碳市场定价机制的理论探索——基于区域碳交易试点市场数据的分析》,《价格理论与实践》 第 3 期。

郭文军，2015,《中国区域碳排放权价格影响因素的研究——基于自适应 Lasso 方法》,《中国人口·资源与环境》 第 5 期。

马海良、张红艳、吴凤平，2016,《基于情景分析法的中国碳排放分配预测研究》,《软科学》 第 10 期。

何少琛，2016,《欧盟碳排放交易体系发展现状、改革方法及前景》,博士学位论文，吉林大学。

胡艺、魏小燕、沈铭辉，2020,《碳税比碳交易更适合发展中国家吗?》,《亚太经济》 第 4 期。

荆克迪，2014,《中国碳交易市场的机制设计与国际比较研究》,博士学位论文，南开大学。

〔美〕拉巴特，索尼亚、怀特，罗德尼，2010，《碳金融：碳减排良方还是金融陷阱》，王震等译，石油工业出版社。

李江龙、徐斌，2018，《"诅咒"还是"福音"：资源丰裕程度如何影响中国绿色经济增长？》，《经济研究》第 11 期。

李炯、陈清清，2015，《区域碳市场价格制度、价格差异及产业竞争力影响》，《中共浙江省委党校学报》第 4 期。

李泉宝，2011，《基于欧盟 ETS 借鉴的中国碳排放权分配机制探索》，《海峡科学》第 6 期。

李仁君，1999，《产权界定与资源配置：科斯定理的数理表述》，《南开经济研究》第 1 期。

李陶、陈林菊、范英，2010，《基于非线性规划的我国省区碳强度减排配额研究》，《管理评论》第 6 期。

林伯强、杜克锐，2013，《我国能源生产率增长的动力何在——基于距离函数的分解》，《金融研究》第 9 期。

林伯强、刘泓汛，2015，《对外贸易是否有利于提高能源环境效率——以中国工业行业为例》，《经济研究》第 9 期。

林伯强、牟敦国，2008，《能源价格对宏观经济的影响——基于可计算一般均衡（CGE）的分析》，《经济研究》第 11 期。

林坦、宁俊飞，2011，《基于零和 DEA 模型的欧盟国家碳排放权分配效率研究》，《数量经济技术经济研究》第 3 期。

林毅夫，2003，《后发优势与后发劣势——与杨小凯教授商榷》，《经济学》（季刊）第 3 期。

令狐大智、叶飞，2015，《基于历史排放参照的碳配额分配机制研究》，《中国管理科学》第 6 期。

刘惠萍、宋艳，2017，《启动全国碳排放权交易市场的难点与对策研究》，《经济纵横》第 1 期。

刘婧，2010，《国际碳排放权交易市场对我国的影响及启示》，《环境经济》第 6 期。

刘晔、张训常，2017，《碳排放交易制度与企业研发创新——基于三重差分模型的实证研究》，《经济科学》第 3 期。

骆华、赵永刚、费方域，2012，《国际碳排放权交易机制比较研究与启示》，《经济体制改革》第 22 期。

骆瑞玲、范体军、李淑霞等，2014，《我国石化行业碳排放权分配研究》，《中国软科学》第 2 期。

牛晋东、苏旭东，2019，《我国碳市场履约机制研究与国外经验借鉴》，《山西科技》第 2 期。

牛玉静、陈文颖、吴宗鑫，2013，《多区域减排成本及经济影响比较分析》，《生态经济》第 9 期。

齐绍洲、王班班，2013，《碳交易初始配额分配：模式与方法的比较分析》，《武汉大学学报》（哲学社会科学版）第 5 期。

齐绍洲、张振源，2019，《欧盟碳排放权交易、配额分配与可再生能源技术创新》，《世界经济研究》第 9 期。

齐晔、张希良，2018，《中国低碳发展报告（2018）》，社会科学文献出版社。

祁悦、谢高地，2009，《碳排放空间分配及其对中国区域功能的影响》，《资源科学》第 4 期。

钱明霞、路正南、王健，2015，《基于 ZSG-DEA 模型的产业部门碳排放分摊分析》，《工业技术经济》第 11 期。

沈洪涛、黄楠、刘浪，2017，《碳排放权交易的微观效果及机制研究》，《厦门大学学报》（哲学社会科学版）第 1 期。

沈小波、林伯强，2017，《中国工业部门投入体现的和非体现的技术进步》，《数量经济技术经济研究》第 5 期。

石敏俊、袁永娜、周晟吕，2013，《碳减排政策：碳税、碳交易还是两者兼之?》，《管理科学学报》第 9 期。

宋德勇、刘习平，2013，《中国省际碳排放空间分配研究》，《中国人口·资源与环境》第 35 期。

孙睿、况丹、常冬勤，2014，《碳交易的"能源-经济-环境"影响及碳价合理区间测算》，《中国人口·资源与环境》第 7 期。

孙永平、王珂英，2017，《中国碳排放权交易报告（2017）》，社会科学文献出版社。

谭静、张建华，2018，《碳交易机制倒逼产业结构升级了吗？——基于合成控制法的分析》，《经济与管理研究》第 12 期。

汤维祺、吴力波、钱浩祺，2016，《从"污染天堂"到绿色增长——区域间高耗能产业转移的调控机制研究》，《经济研究》第 6 期。

涂正革、谌仁俊，2015，《排污权交易机制在中国能否实现波特效应？》，《经济研究》第 7 期。

汪中华、胡垚，2018，《我国碳排放权交易价格影响因素分析》，《工业技术经济》第 2 期。

王丹、程玲，2016，《欧盟碳配额现货与期货价格关系及对中国的借鉴》，《中国人口·资源与环境》第 7 期。

王军锋、张静雯、刘鑫，2014，《碳排放权交易市场碳配额价格关联机制研究——基于计量模型的关联分析》，《中国人口资源与环境》第 1 期。

王凯、秦颖、王红春，2014，《中国现有碳排放权分配方式解构》，《中国人口·资源与环境》第 S3 期。

王明荣、王明喜，2012，《基于帕累托最优配置的碳排放许可证拍卖机制》，《中国工业经济》第 5 期。

王庆山、李健，2016，《基于时变参数模型的中国区域碳排放权价格调控机制研究》，《中国人口·资源与环境》第 1 期。

王文举、李峰，2016，《碳排放权初始分配制度的欧盟镜鉴与引申》，《改革》第 7 期。

王文军、傅崇辉、骆跃军等，2014，《我国碳排放权交易机制试点地区的 ETS 管理效率评价》，《中国环境科学》第 6 期。

王文军、骆跃军、谢鹏程等，2016，《粤深碳交易试点机制剖析及对国家碳市场建设的启示》，《中国人口·资源与环境》第 12 期。

王文军、谢鹏程、李崇梅等，2018，《中国碳排放权交易试点机制的减排有效性评估及影响要素分析》，《中国人口·资源与环境》第 4 期。

王勇、程瑜、杨光春等，2018，《2020 和 2030 年碳强度目标约束下中国碳排放权的省区分解》，《中国环境科学》第 8 期。

王宇露、林健，2012，《我国碳排放权定价机制研究》，《价格理论与实践》第 22 期。

魏楚，2014，《中国城市 CO_2 边际减排成本及其影响因素》，《世界经济》第 7 期。

魏立佳、彭妍、刘潇，2018，《碳市场的稳定机制：一项实验经济学研究》，《中国工业经济》第 4 期。

魏庆坡，2015，《碳交易与碳税兼容性分析——兼论中国减排路径选择》，《中国人口·资源与环境》第 5 期。

温岩、刘长松、罗勇，2013，《美国碳排放权交易体系评析》，《气候变化研究进展》第 2 期。

吴洁、范英、夏炎，2015，《碳配额初始分配方式对我国省区宏观经济及行业竞争力的影响》，《管理评论》第 12 期。

吴大磊、赵细康、王丽娟，2016，《美国首个强制性碳交易体系（RGGI）核心机制设计及启示》，《对外经贸实务》第 7 期。

吴力波、钱浩祺、汤维祺，2014，《基于动态边际减排成本模拟的碳排放权交易与碳税选择机制》，《经济研究》第 9 期。

肖玉仙、尹海涛，2017，《中国碳排放权交易试点的运行和效果分析》，《生态经济》（中文版）第 5 期。

谢来辉，2011，《碳交易还是碳税？理论与政策》，《金融评论》第 6 期。

谢晓闻、方意、李胜兰，2017，《中国碳市场一体化程度研究——基于中国试点省市样本数据的分析》，《财经研究》第 2 期。

熊灵、齐绍洲，2012，《欧盟碳排放交易体系的结构缺陷、制度变革及其影响》，《欧洲研究》第 1 期。

熊灵、齐绍洲、沈波，2016，《中国碳交易试点配额分配的机制特征、设计问题与改进对策》，《武汉大学学报》（哲学社会科学版）第 3 期。

宣晓伟、张浩，2013，《碳排放权配额分配的国际经验及启示》，《中国人口·资源与环境》第 12 期。

薛领、张晓林、胡晓楠等，2018，《碳排放市场一体化对异质性企业空间分布的影响》，《中国人口·资源与环境》第 8 期。

杨晓妹，2010，《应对气候变化：碳税与碳排放权交易的比较分析》，《青海社会科学》第 6 期。

杨秀汪、李江龙、郭小叶，2021，《中国碳交易试点政策的减排效应如何？——基于合成控制法的实证研究》，《西安交通大学学报》（社会科学版）第 3 期。

易兰、李朝鹏、杨历等，2018，《中国 7 大碳交易试点发育度对比研究》，《中国人口·资源与环境》第 2 期。

于倩雯、吴凤平，2018，《公平与效率耦合视角下省际碳排放权分配的双层规划模型》，《软科学》第 4 期。

张跃军、魏一鸣，2010，《化石能源市场对国际碳市场的动态影响实证研究》，《管理评论》第 6 期。

赵黎明、殷建立，2016，《碳交易和碳税情景下碳减排二层规划决策模型研究》，《管理科学》第 1 期。

赵明楠、刑涛，2015，《碳排放权交易对汽车生产企业的影响》，《中国人口·资源与环境》第 S1 期。

赵文会、高姣倩、宋亚君，2017，《基于 Cournot 模型的电力行业初始碳排放权分配策略研究》，《软科学》第 1 期。

浙江省电力行业发展现状及趋势分析课题组，2018，《浙江电力行业发展现状、趋势及建议》，《浙江经济》第 1 期。

郑立群，2012，《中国各省区碳减排责任分摊——基于零和收益 DEA 模型的研究》，《资源科学》第 11 期。

中国财政科学研究院课题组，2018，《在积极推进碳交易的同时择机开征碳税》，《财政研究》第 4 期。

中国环境保护产业协会，2018，《中国环保产业发展状况报告（2018）》，11 月。

周宏春，2009，《世界碳交易市场的发展与启示》，《中国软科学》第 12 期。

周林、刘泓汛、曹铭等，2020，《全国碳排放权交易市场模拟及价格风险》，《西安交通大学学报》（社会科学版）第 4 期。

庄贵阳，2006，《欧盟温室气体排放贸易机制及其对中国的启示》，《欧洲研究》第 3 期。

邹亚生、魏薇，2013，《碳排放核证减排量（CER）现货价格影响因素研究》，《金融研究》第 10 期。

Abrell, J. , Faye, A. N. , Zachmann, G. 2011. "Assessing the impact of the EU ETS using firm level data." Working Paper.

Abrell, J. 2010. "Regulating CO_2 emissions of transportation in Europe: A CGE-analysis using market-based instruments." *Transportation Research Part D: Transport & Environment* 15 (4): 235–239.

Alberola, E. , Chevallier, J. , Chèze, B. 2008. "Price drivers and structural breaks in European carbon prices 2005–2007." *Energy Policy* 36 (2): 787–797.

Álvarez, F. , André, F. J. 2015. "Auctioning versus grandfathering in cap-and-trade systems with market power and incomplete information." *Environmental & Resource Economics* 62 (4): 873–906.

Ang, B. W. , Su, B. 2016. "Carbon emission intensity in electricity production: A global analysis." *Energy Policy* 94: 56–63.

Angrist, J. D. , Pischke, J. S. 2008. "The credibility revolution in empirical economics: How better research design is taking the con out of econometrics." *Journal of Economic Perspectives* 24 (2): 3–30.

Bai, Y. , Wang, J. , Wang, Q. 2019. "The impact of energy consumption on economic growth and CO_2 emissions in China: A spatial panel data analysis." *Journal of Cleaner Production* 233: 1174–1184.

Balietti, S. , Maes, M. , Helbing, D. 2015. "On disciplinary fragmentation and scientific progress." *PLoS ONE* 10 (3): e0118747.

Bel, G. , Joseph, S. 2018. "Policy stringency under the European Union Emission trading system and its impact on technological change in the energy sector." *Energy Policy* 117: 434–444.

Bode, S. 2006. "Multi-period emissions trading in the electricity sector-Winners andlosers. " *Energy Policy* 34 （6）: 680-691.

Borenstein, S. , Bushnell, J. , Wolak, F. A. , et al. 2018. "Expecting the un-expected: Emissions uncertainty and environmental market design. " Work-ing Paper.

BP. 2018. "BP statistical review of world energy workbook. " British Petroleum.

Bredin, D. , Muckley, C. 2011. "An emerging equilibrium in the EU emis-sions trading scheme. " *Energy Economics* 33 （2）: 353-362.

Bristow, A. L. , Wardman, M. , Zanni, A. M. , et al. 2010. "Public accept-ability of personal carbon trading and carbon tax. " *Ecological Economics* 69: 1824-1837.

Calel, R. , Dechezlepretre, A. 2016. "Environmental policy and directed technological change: Evidence from the European carbon market. " *Review of Economics and Statistics* 98 （1）: 173-191.

Cantore, N. , Padilla, E. 2010. "Equality and CO_2 emissions distribution in climate change integrated assessment modelling. " *Energy* 35 （1）: 298-313.

Cao, K. Y. , Xu, X. P. , Wu, Q. , et al. 2017. "Optimal production and carbon emission reduction level under cap-and-trade and low carbon subsidy policies. " *Journal of Cleaner Production* 167: 505-513.

Capros, P. , Georgakopoulos, T. , Regemorter, D. V. , et al. 1997. "The GEM-E3 model for the European Union. " National Technical University of Athens.

Cara, S. D. , Jayet, P. A. 2011. "Marginal abatement costs of greenhouse gas emissions from European agriculture, cost effectiveness, and the EU non-ETS burden sharing agreement. " *Ecological Economics* 70 （9）: 1680-1690.

Chan, H. S. , Li, S. , Zhang, F. 2013. "Firm competitiveness and the Euro-pean Union emissions trading scheme. " *Energy Policy* 63 （6）: 1056-1064.

Chang, K., Ge, F. P., Zhang, C., et al. 2018. "The dynamic linkage effect between energy and emissions allowances price for regional emissions trading scheme pilots in China." *Renewable & Sustainable Energy Reviews* 98: 415-425.

Chang, K., Hao, C. 2016. "Cutting CO_2, intensity targets of interprovincial emissions trading in China." *Applied Energy* 163: 211-221.

Chang, K., Pei, P., Zhang, C., et al. 2017. "Exploring the price dynamics of CO_2 emissions allowances in China's emissions trading scheme pilots." *Energy Economics* 67: 213-223.

Chen, S., Golley, J. 2014. "'Green' productivity growth in China's industrial economy." *Energy Economics* 44: 89-98.

Chen, W. Y. 2005. "The costs of mitigating carbon emissions in China: Findings from China MARKAL-MACRO modeling." *Energy Policy* 33 (7): 885-896.

Chen, Y., Du, J., Huo, J. 2013. "Super-efficiency based on a modified directional distance function." *Omega* 41 (3): 621-625.

Chen, Y., Jiang, P., Dong, W., et al. 2015. "Analysis on the carbon trading approach in promoting sustainable buildings in China." *Renewable Energy* 84: 130-137.

Chen, Y., Sijm, J. P. M. 2009. "The relationship between EUA prices and electricity prices in the European Union." *Energy Economics* 31 (6): 785-795.

Chevallier, J. 2010. "Modelling risk premia in CO_2 allowances spot and futures prices." *Economic Modelling* 27 (3): 717-729.

Cho, W. G., Nam, K., Pagan, J. A. 2004. "Economic growth and interfactor/interfuel substitution in Korea." *Energy Economics* 26 (1): 31-50.

Chung, Y. H., Färe, R., Grosskopf, S. 1997. "Productivity and undesirable outputs: A directional distance function approach." *Journal of Environmental Management* 51 (3): 229-240.

Coase, R. H. 1960. "The problem of social cost." *Journal of Law and Economics* 3: 1–44.

Coelli, T. J. , Rao, D. S. P. 2005. "Total factor productivity growth in agriculture: A Malmquist index analysis of 93 countries, 1980–2000. " *Agricultural Economics* 32: 115–134.

Cong, R. G. , Wei, Y. M. 2010. "Potential impact of CET, carbon emissions trading, on China's power sector: A perspective from different allowance allocation options. " *Energy* 35 (9): 3921–3931.

Convery, F. J. , Redmond, L. 2007. "Market and price developments in the European Union emissions trading scheme. " *Review of Environmental Economics & Policy* 1 (1): 88–111.

Cramton, P. , Kerr, S. 2002. "Tradeable carbon permit auctions: How and why to auction not grandfather. " *Energy Policy* 30 (4): 333–345.

Creti, A. , Jouvet, P. A. , Mignon, V. 2012. "Carbon price drivers: Phase I versus Phase II equilibrium?" *Energy Economics* 34 (1): 327–334.

Cui, L. B. , Fan, Y. , Zhu, L. , et al. 2014. "How will the emissions trading scheme save cost for achieving China's 2020 carbon intensity reduction target?" *Applied Energy* 136: 1043–1052.

Damien, D. , Philippe, Q. 2006. "CO_2 abatement, competitiveness, and leakage in the European cement industry under the EU ETS: grandfathering versus output-based allocation. " *Climate Policy* 6 (1): 93–113.

Demailly, D. , Quirion, P. 2008. "European emission trading scheme and competitiveness: A case study on the iron and steel industry. " *Energy Economics* 30 (4): 2009–2027.

Denny, E. , O'Malley, M. 2009. "The impact of carbon prices on generation-cycling costs. " *Energy Policy* 37 (4): 1204–1212.

De Perthuis, C. , Trotignon, R. 2014. "Governance of CO_2 markets: Lessons from the EU ETS. " *Energy Policy* 75: 100–106.

Du, K. , Li, J. 2019. "Towards a green world: How do green technology innovations affect total-factor carbon productivity. " *Energy Policy* 131: 240-250.

Duro, J. A. , Padilla, E. 2006. "International inequalities in per capita CO_2 emissions: A decomposition methodology by Kaya factors. " *Energy Economics* 28 (2): 170-187.

Eggleston, S. , Buendia, L. , Miwa, K. , et al. 2006. "2006 IPCC Guidelines for National Greenhouse Gas Inventories. " The National Greenhouse Gas Inventories Programme, Institute for Global Environmental Strategies (Japan).

Eiadat, Y. , Kelly, A. , Roche, F. , et al. 2008. "Green and competitive? An empirical test of the mediating role of environmental innovation strategy. " *Journal of World Business* 43 (2): 131-145.

Ellerman, A. D. , Decaux, A. 1998. "Analysis of post-Kyoto CO_2 emissions trading using marginal abatement curves. " Working Paper.

European Union. 2016. "The EU Emissions Trading System (EU ETS) . " https://ec. europa. eu/clima.

Fei, T. , Xin, W. , Lv, Z. Q. 2014. "Introducing the emissions trading system to China's electricity sector: Challenges and opportunities. " *Energy Policy* 75: 39-45.

Feng, T. T. , Yang, Y. S. , Yang, Y. H. 2018. "What will happen to the power supply structure and CO_2 emissions reduction when TGC meets CET in the electricity market in China?" *Renewable Sustainable Energy Reviews* 92: 121-132.

Fischer, B. , Coelho, D. , Valenti, L. , et al. 2003. "Carbon ions-induced apoptosis in hematopoietic tumor cell lines. " *Anticancer Research* 23 (6): 4601-4606.

Franciosi, R. , Isaac, M. , Pingry, D. E. , et al. 1993. "An experimental investigation of the Hahn-Noll revenue neutral auction for emissions licenses. " *Journal of Environmental Economics Management* 24 (1): 1-24.

Färe, R., Grosskopf, S. 2010. "Directional distance functions and slacks-based measures of efficiency." *European Journal of Operational Research* 200 (1): 320-322.

Färe, R., Grosskopf, S. 2004. "Modeling undesirable factors in efficiency evaluation: Comment." *European Journal of Operational Research* 157 (1): 242-245.

Färe, R., Grosskopf, S., Pasurka Jr., C. A. 2007. "Environmental production functions and environmental directional distance functions." *Energy* 32 (7): 1055-1066.

Färe, R., Grosskopf, S., Weber, W. L. 2006. "Shadow prices and pollution costs in US agriculture." *Ecological Economics* 56 (1): 89-103.

Färe, R., Martins-Filho, C., Vardanyan, M. 2010. "On functional form representation of multi-output production technologies." *Journal of Productivity Analysis* 33 (2): 81-96.

Fromm, O., Hansjürgens, B. 2008. "Emission trading in theory and practice: An analysis of RECLAIM in Southern California." *Environment Planning C: Government Policy* 26 (3): 367-384.

Gans, W., Hintermann, B. 2013. "Market effects of voluntary climate action by firms: Evidence from the Chicago Climate Exchange." *Environmental & Resource Economics* 55 (2): 291-308.

Gillingham, K., Stock, J. H. 2018. "The cost of reducing greenhouse gas emissions." *Journal of Economic Perspectives* 32 (4): 53-72.

Gong, X., Zhou, S. X. 2013. "Optimal production planning with emissions trading." *Operations Research* 61 (4): 908-924.

Groot, L. 2010. "Carbon Lorenzcurves." *Resource and Energy Economics* 32 (1): 45-64.

Gulbrandsen, L. H., Stenqvist, C. 2013. "The limited effect of EU emissions trading on corporate climate strategies: Comparison of a Swedish and a Norwegian pulp and paper company." *Energy Policy* 56: 516-525.

Hepburn, C., Stern, N. 2008. "A new global deal on climate change." *Oxford Review of Economic Policy* 24 (2): 259–279.

Hintermann, B. 2010. "Allowance price drivers in the first phase of the EU ETS." *Journal of Environmental Economics Management* 59 (1): 43–56.

Hoffmann, V. H. 2007. "EU ETS and investment decisions: The case of the German electricity industry." *European Management Journal* 25 (6): 464–474.

Hua, G., Cheng, T. C. E., Wang, S. 2011. "Managing carbon footprints in inventory management." *International Journal of Production Economics* 132 (2): 178–185.

Huang, Y., Liu, L., Ma, X. M., et al. 2015. "Abatement technology investment and emissions trading system: A case of coal-fired power industry of Shenzhen, China." *Clean Technologies and Environmental Policy* 17 (3): 811–817.

Ibikunle, G., Gregoriou, A., Hoepner, A. G. F., et al. 2016. "Liquidity and market efficiency in the world's largest carbon market." *British Accounting Review* 48 (4): 431–447.

ICAP. 2024. "ICAP Emissions Trading Worldwide Status Report 2024." International Carbon Action Partnership (ICAP).

IEA. 2019. "World Energy Outlook 2019." International Energy Agency (IEA).

IPCC. 2018. "Global warming of 1.5℃: An IPCC special report on the impacts of global warming of 1.5℃ above pre-industrial levels and related global greenhouse gas emission pathways, in the context of strengthening the global response to the threat of climate change, sustainable development, and efforts to eradicate poverty." Intergovernmental Panel on Climate Change (IPCC). https://www.ipcc.ch/sr15/.

Jaehnab, F. 2010. "The emissions trading paradox." *European Journal of Operational Research* 202 (1): 248–254.

Jaffe, A. B., Peterson, S. R., Portney, P. R., et al. 1995. "Environmental regulation and the competitiveness of U. S. manufacturing: What does the evidence tell us?" *Journal of Economic Literature* 33 (1): 132-163.

Janssen, M., Rotmans, J. 1995. "Allocation of fossil CO_2 emission rights quantifying cultural perspectives." *Ecological Economics* 13 (1): 65-79.

Jaraité, J., Maria, C. D. 2012. "Efficiency, productivity, and environmental policy: A case study of power generation in the EU." *Energy Economics* 34 (5): 1557-1568.

Jenkins, J. D. 2014. "Political economy constraints on carbon pricing policies: What are the implications for economic efficiency, environmental efficacy, and climate policy design?" *Energy Policy* 69: 467-477.

Jiang, Y., Lei, Y. L., Yang, Y. Z., et al. 2018. "Factors affecting the pilot trading market of carbon emissions in China." *Petroleum Science* 15 (2): 412-420.

Jotzo, F., Loschel, A. 2014. "Emissions trading in China: Emerging experiences and international lessons." *Energy Policy* 75: 3-8.

Kellogg, R., Wolff, H. 2008. "Daylight time and energy: Evidence from an Australian experiment." *Journal of Environmental Economics and Management* 56 (3): 207-220.

Keohane, N. O. 2009. "Cap and trade, rehabilitated: Using tradable permits to control US greenhouse gases." *Review of Environmental Economics and Policy* 3 (1): 42-62.

Kesicki, F., Strachan, N. 2011. "Marginal abatement cost (MAC) curves: confronting theory and practice." *Environmental Science Policy* 14 (8): 1195-1204.

Kirat, D., Ahamada, I. 2011. "The impact of the European Union emission trading scheme on the electricity-generation sector." *Energy Economics* 33: 995-1003.

Kiuila, O., Rutherford, T. F. 2013. "Piecewise smooth approximation of bottom-up abatement cost curves." *Energy Economics* 40 (2): 734-742.

Klepper, G. , Peterson, S. 2006. "Emissions trading, CDM, JI, and more: The Climate strategy of the EU. " *Energy Journal* 27 (2): 1-26.

Kong, Y. C. , Zhao, T. , Yuan, R. , et al. 2019. "Allocation of carbon emission quotas in Chinese provinces based on equality and efficiency principles. " *Journal of Cleaner Production* 211: 222-232.

Kverndokk, S. 1995. "Tradeable CO_2 emission permits: Initial distribution as a justice problem. " *Environmental Values* 4 (2): 129-148.

Lee, K. H. 2011. "The world price of liquidity risk. " *Journal of Financial Economics* 99 (1): 136-161.

Lennox, J. A. , Nieuwkoop, R. V. 2010. "Output-based allocations and revenue recycling: Implications for the New Zealand Emissions Trading Scheme. " *Energy Policy* 38 (12): 7861-7872.

Li, J. , Lin, B. 2017. "Environmental impact of electricity relocation: A quasi-natural experiment from interregional electricity transmission. " *Environmental Impact Assessment Review* 66: 151-161.

Li, J. , Lin, B. 2016. "Green economy performance and green productivity growth in China's cities: Measures and policy implication. " *Sustainability* 8 (9): 947.

Li, J. , Lin, B. 2019. "The sustainability of remarkable growth in emerging economies. " *Resources, Conservation and Recycling* 145: 349-358.

Li, J. , Yang, L. , Long, H. 2018a. "Climatic impacts on energy consumption: Intensive and extensive margins. " *Energy Economics* 71: 332-343.

Li, M. , Zhang, D. , Li, C. T. , et al. 2018b. "Air quality co-benefits of carbon pricing in China. " *Nature Climate Change* 8 (5): 398-403.

Liao, Z. , Zhu, X. , Shi, J. 2015. "Case study on initial allocation of Shanghai carbon emission trading based on Shapley value. " *Journal of Cleaner Production* 103: 338-344.

Lima, R. C. de A. , Silveira-Neto, R. da M. 2018. "Secession of municipalities and economies of scale: Evidence from Brazil. " *Journal of Regional*

Science 58 （1）：159-180.

Lin, B., Jia, Z. 2017. "The impact of Emission Trading Scheme （ETS） and the choice of coverage industry in ETS: A case study in China. " *Applied Energy* 205: 1512-1527.

Lin, B., Jia, Z. 2019. "What will China's carbon emission trading market affect with only electricity sector involvement? A CGE based study. " *Energy Economics* 78: 301-311.

Lin, B., Liu, H. 2015. "A study on the energy rebound effect of China's residential building energy efficiency. " *Energy and Buildings* 86: 608-618.

Lise, W., Sijm, J., Hobbs, B. F. 2010. "The impact of the EU ETS on prices, profits and emissions in the power sector: simulation results with the COMPETES EU20 model. " *Environmental & Resource Economics* 47 （1）: 23-44.

Littell, D., Speakes-Backman, K. 2014. "Pricing carbon under EPA's proposed rules: Cost effectiveness and state economic benefits. " *Electricity Journal* 27 （8）: 8-18.

Liu, H., Li, J., Long, H., et al. 2018a. "Promoting energy and environmental efficiency within a positive feedback loop: Insights from global value chain. " *Energy Policy* 121: 175-184.

Liu, H., Li, J. 2018. "The US shale gas revolution and its externality on crude oil prices: A counterfactual analysis. " *Sustainability* 10 （3）: 697.

Liu, H., Li, Z. 2017. "Carbon Cap-and-Trade in China: A comprehensive framework. " *Emerging Markets Finance and Trade* 53 （5）: 1152-1169.

Liu, H., Mauzerall, D. L. 2020. "Costs of clean heating in China: Evidence from rural households in the Beijing-Tianjin-Hebei region. " *Energy Economics* 90: 104844.

Liu, L., Chen, C., Zhao, Y., et al. 2015. "China's carbon-emissions trading: Overview, challenges, and future. " *Renewable & Sustainable Energy Reviews* 49: 254-266.

Liu, X., Wang, B., Du, M. Z., et al. 2018b. "Potential economic gains and emissions reduction on carbon emissions trading for China's large-scale thermal power plants." *Journal of Cleaner Production* 204: 247−257.

Liu, Y., Lu, Y. 2015. "The economic impact of different carbon tax revenue recycling schemes in China: A model-based scenario analysis." *Applied Energy* 141: 96−105.

Liu, Y., Tan, X. J., Yu, Y., et al. 2017. "Assessment of impacts of Hubei pilot emission trading schemes in China: A CGE-analysis using Term CO_2 model." *Applied Energy* 189: 762−769.

Lofgren, A., Wrake, M., Hagberg, T., et al. 2014. "Why the EU ETS needs reforming: An empirical analysis of the impact on company investments." *Climate Policy* 14 (5): 537−558.

Ma, H., Oxley, L., Gibson, J., et al. 2008. "China's energy economy: Technical change, factor demand and interfactor/interfuel substitution." *Energy Economics* 30 (5): 2167−2183.

Ma, J., Du, G., Xie, B. 2019. "CO_2 emission changes of China's power generation system: Input-output subsystem analysis." *Energy Policy* 124: 1−12.

Mackenzie, I. A., Ohndorf, M. 2012. "Cap-and-trade, taxes, and distributional conflict." *Journal of Environmental Economics and Management* 63 (1): 51−65.

Mandell, S. 2008. "Optimal mix of emissions taxes and cap-and-trade." *Journal of Environmental Economics & Management* 56 (2): 131−140.

Mansanet-Bataller, M., Pardo, Á., Valor, E. 2007. "CO_2 prices, energy and weather." *Social Science Electronic Publishing* 28 (3): 73−92.

Marin, G., Marino, M., Pellegrin, C. 2018. "The impact of the European Emission Trading Scheme on multiple measures of economic performance." *Environmental and Resource Economics* 71: 551−582.

Marklund, P. O., Samakovlis, E. 2007. "What is driving the EU burden-sharing agreement: Efficiency or equity?" *Journal of Environmental Management* 85 (2): 317–329.

Martin, R., de Preux, L. B., Wagner, U. J. 2014. "The impact of a carbon tax on manufacturing: Evidence from microdata." *Journal of Public Economics* 117: 1–14.

McKitrick, R. 1999. "A derivation of the marginal abatement cost curve." *Journal of Environmental Economics and Management* 37 (3): 306–314.

Meinshausen, M., Meinshausen, N., Hare, W., et al. 2009. "Greenhouse gas emission targets for limiting global warming to 2℃." *Nature* 458 (7242): 1158.

Metcalf, G. E. 2009. "Designing a carbon tax to reduce U. S. greenhouse gas emissions." *NBER Working Papers* 3 (1): 63–83.

Miketa, A., Schrattenholzer, L. 2006. "Equity implications of two burden-sharing rules for stabilizing greenhouse-gas concentrations." *Energy Policy* 34 (7): 877–891.

Minihan, E. S., Wu, Z. 2012. "Economic structure and strategies for greenhouse gas mitigation." *Energy Economics* 34 (1): 350–357.

Mo, J. L., Agnolucci, P., Jiang, M. R., et al. 2016. "The impact of Chinese carbon emission trading scheme (ETS) on low carbon energy (LCE) investment." *Energy Policy* 89: 271–283.

Mo, J. L., Zhu, L., Fan, Y. 2012. "The impact of the EU ETS on the corporate value of European electricity corporations." *Energy* 45 (1): 3–11.

Nordhaus, W. D. 1991. "To slow or not to slow: The economics of the greenhouse effect." *The Economic Journal* 101 (407): 920–937.

Nordhaus, W. D., Yang, Z. 1996. "A regional dynamic general-equilibrium model of alternative climate-change strategies." *The American Economic Review* 741–765.

Oberndorfer, U. 2009. "EU emission allowances and the stock market: Evidence from the electricity industry." *Ecological Economics* 68 (4): 1116–

1126.

Picazo-Tadeo, A. J. , Reig-Martinez, E. , Hernandez-Sancho, F. 2005. "Directional distance functions and environmental regulation. " *Resource and Energy Economics* 27 (2): 131-142.

Pizer, W. A. 2002. "Combining price and quantity controls to mitigate global climate change. " *Journal of Public Economics* 85 (3): 409-434.

Reilly, J. , Felzer, B. , Kicklighter, D. , et al. 2007. "Prospects for biological carbon sinks in greenhouse gas emissions trading systems. " *Greenhouse Gas Sinks* 115-142.

Robin, S. , Murray, H. , Cameron, H. , et al. 2006. "The impact of CO_2 emissions trading on firm profits and market prices. " *Climate Policy* 6 (1): 31-48.

Rogge, K. S. , Schleich, J. , Haussmann, P. , et al. 2011. "The role of the regulatory framework for innovation activities: The EU ETS and the German paper industry. " *Working Papers "Sustainability and Innovation"* 11 (3/4): 339-357.

Sartor, O. , Palliere, C. , Lecourt, S. 2014. "Benchmark-based allocations in EU ETS Phase 3: An early assessment. " *Climate Policy* 14 (4): 507-524.

Schäfer, S. 2019. "Decoupling the EU ETS from subsidized renewables and other demand side effects: Lessons from the impact of the EU ETS on CO_2 emissions in the German electricity sector. " *Energy Policy* 133: 110858.

Schleich, J. , Rogge, K. , Betz, R. 2009. "Incentives for energy efficiency in the EU Emissions Trading scheme. " *Energy Efficiency* 2: 37-67.

Schmalensee, R. , Stavins, R. N. 2017. "The design of environmental markets: What have we learned from experience with cap and trade?" *Oxford Review of Economic Policy* 33 (4): 572-588.

Schmidt, R. C. , Heitzig, J. 2014. "Carbon leakage: Grandfathering as an incentive device to avert firm relocation. " *Journal of Environmental Econom-*

ics and Management 67 （2）：209-223.

Snow, J. 1854. "The cholera near Golden-square, and at Deptford." *Medical Times and Gazette* 9：321-322.

Springer, U. 2003. "International diversification of investments in climate change mitigation." *Ecological Economics* 46 （1）：181-193.

Stavins, R. N. 2008. "Addressing climate change with a comprehensive U. S. cap-and-trade system." *Social Science Electronic Publishing* 24 （2）：298-321.

Stavins, R. N. 2019. "Carbon taxes vs. cap-and-trade：Theory and practice." Working Paper in Harvard Kennedy School.

Stern, N. 2008. "The economics of climate change." *American Economic Review* 98 （2）：1-37.

Sun, J. , Wu, J. , Liang, L. , et al. 2014. "Allocation of emission permits using DEA：Centralised and individual points of view." *International Journal of Production Research* 52 （2）：419-435.

Tan, X. , Wang, X. 2017. "The market performance of carbon trading in China：A theoretical framework of structure-conduct-performance." *Journal of Cleaner Production* 159：410-424.

Tian, Y. , Akimov, A. , Roca, E. , et al. 2016. "Does the carbon market help or hurt the stock price of electricity companies? Further evidence from the European context." *Journal of Cleaner Production* 112：1619-1626.

Tu, Q. , Betz, R. , Mo, J. , et al. 2018. "Can carbon pricing support on-shore wind power development in China? An assessment based on a large sample project dataset." *Journal of Cleaner Production* 198：24-36.

Tvinnereim, E. 2014. "The bears are right：Why cap-and-trade yields greater emission reductions than expected, and what that means for climate policy." *Climatic Change* 127 （3-4）：447-461.

Urga, G. , Walters, C. 2003. "Dynamic translog and linear logit models：A factor demand analysis of interfuel substitution in US industrial energy demand. " *Energy Economics* 25 (1): 1-21.

Vaillancourt, K., Loulou, R., Kanudia, A. 2008. "The role of abatement costs in GHG permit allocations: A global stabilization scenario analysis. " *Environmental Modeling & Assessment* 13 (2): 169-179.

Van Steenberghe, V. 2004. "Core-stable and equitable allocations of greenhouse gas emission permits. " *Social Science Electronic Publishing*.

Venmans, F. V. J. 2016. "The effect of allocation above emissions and price uncertainty on abatement investments under the EU-ETS. " *Journal of Cleaner Production* 126: 595-606.

Wagner, M. W., Uhrighomburg, M. 2006. "Futures price dynamics of CO_2 emission certificates: An empirical analysis. " *Social Science Electronic Publishing* 17 (2): 73-88.

Wang, H., Zhou, P., Zhou, D. 2013. "Scenario-based energy efficiency and productivity in China: A non-radial directional distance function analysis. " *Energy Economics* 40: 795-803.

Wang, P., Dai, H., Ren, S., et al. 2015. "Achieving Copenhagen target through carbon emission trading: Economic impacts assessment in Guangdong province of China. " *Energy* 79: 212-227.

Wei, Y. 2010. "An overview of current research on EU ETS: Evidence from its operating mechanism and economic effect. " *Applied Energy* 87 (6): 1804-1814.

Wei, Y., Wang, L., Liao, H., et al. 2014. "Responsibility accounting in carbon allocation: A global perspective. " *Applied Energy* 130: 122-133.

Weitzman, M. L. 2014. "Can negotiating a uniform carbon price help to internalize the global warming externality?" *Journal of the Association of Environmental and Resource Economists* 1 (1/2): 29-49.

Wing, C., Simon, K., Bello-Gomez, R. A. 2018. "Designing difference in difference studies: Best practices for public health policy research. " *Annual Review of Public Health* 39.

Winkler, H., Spalding-Fecher, R., Tyani, L. 2002. "Comparing develo-ping countries under potential carbon allocation schemes." *Climate Policy* 2 (4): 303-318.

Wittneben, B. B. F. 2009. "Exxon is right: Let us re-examine our choice for a cap-and-trade system over a carbon tax." *Energy Policy* 37 (6): 2462-2464.

Wu, J. D., Li, N., Shi, P. J. 2014. "Benchmark wealth capital stock esti-mations across China's 344 prefectures: 1978 to 2012." *China Economic Review* 31: 288-302.

Xiong, L., Shen, B., Qi, S., et al. 2017. "The allowance mechanism of China's carbon trading pilots: A comparative analysis with schemes in EU and California." *Applied Energy* 185: 1849-1859.

Xu, J. P., Yang, X., Tao, Z. M. 2015. "A tripartite equilibrium for carbon emission allowance allocation in the power-supply industry." *Energy Policy* 82: 62-80.

Yan, Y., Zhang, X., Zhang, J., et al. 2020. "Emissions trading system (ETS) implementation and its collaborative governance effects on air pollu-tion: The China story." *Energy Policy* 138: 111282.

Yang, H., Gu, H. 2014. "Energy consumption elasticity analysis based on translog production function in Shaanxi." *Manufacture Engineering and En-vironment Engineering* 84 (1): 711-716.

Yang, H., Pollitt, M. 2010. "The necessity of distinguishing weak and strong disposability among undesirable outputs in DEA: Environmental perform-ance of Chinese coal-fired power plants." *Energy Policy* 38 (8): 4440-4444.

Yang, L., Li, Y., Liu, H. 2021. "Did carbon trade improve green production performance? Evidence from China." *Energy Economics* 96 (5): 105185.

Yang, Y., Cai, W., Wang, C., et al. 2012. "Regional allocation of CO_2 intensity reduction targets based on cluster analysis." *Advances in Climate*

Change Research 3 （4）： 220−228.

Yang, Z. , Fan, M. , Shao, S. , et al. 2017. "Does carbon intensity constraint policy improve industrial green production performance in China? A quasi-DID analysis." *Energy Economics* 68： 271−282.

Yao, Y. , Jiao, J. , Han, X. , et al. 2019. "Can constraint targets facilitate industrial green production performance in China? Energy-saving target vs emission-reduction target." *Journal of Cleaner Production* 209： 862−875.

Ying, K. , Zhu, D. 2016. "A carbon-intensity based carbon allowance allocation scheme among enterprises in Shenzhen." *Ecological Economy* 12 （1）： 4−19.

Yu, S. , Gao, X. , Ma, C. , et al. 2011. "Study on the concept of per capita cumulative emissions and allocation options." *Advances in Climate Change Research* 2 （2）： 79−85.

Yu, S. , Wei, Y. , Wang, K. 2014. "Provincial allocation of carbon emission reduction targets in China： An approach based on improved fuzzy cluster and Shapley value decomposition." *Energy Policy* 66： 630−644.

Zeng, Y. 2017. "Indirect double regulation and the carbon ETSs linking： The case of coal-fired generation in the EU and China." *Energy Policy* 111： 268−280.

Zhang, H. , Cao, L. , Zhang, B. 2017a. "Emissions trading and technology adoption： An adaptive agent-based analysis of thermal power plants in China." *Resources Conservation and Recycling* 121： 23−32.

Zhang, J. , Wang, C. 2011. "Co-benefits and additionality of the clean development mechanism： An empirical analysis." *Journal of Environmental Economics and Management* 62 （2）： 140−154.

Zhang, N. , Choi, Y. 2014. "A note on the evolution of directional distance function and its development in energy and environmental studies 1997 − 2013." *Renewable and Sustainable Energy Reviews* 33： 50−59.

Zhang, Y. J. , Wang, A. D. , Tan, W. 2015. "The impact of China's carbon allowance allocation rules on the product prices and emission reduction behaviors of ETS-covered enterprises. " *Energy Policy* 86: 176-185.

Zhang, Y., Peng, Y., Ma, C., et al. 2017b. "Can environmental innovation facilitate carbon emissions reduction? Evidence from China. " *Energy Policy* 100: 18-28.

Zhang, Y., Wei, Y. 2010. "An overview of current research on EU ETS: Evidence from its operating mechanism and economic effect. " *Applied Energy* 87 (6): 1804-1814.

Zhao, X., Jiang, G., Nie, D., et al. 2016. "How to improve the market efficiency of carbon trading: A perspective of China. " *Renewable & Sustainable Energy Reviews* 59: 1229-1245.

Zhou, P., Ang, B. W., Poh, K. L. 2012. "Measuring environmental performance under different environmental DEA technologies. " *International Journal of Production Economics* 136 (1): 137-146.

Zhou, P., Sun, Z., Zhou, D. 2014a. "Optimal path for controlling CO_2 emissions in China: A perspective of efficiency analysis. " *Energy Economics* 45: 99-110.

Zhou, P., Zhang, L., Zhou, D., et al. 2013. "Modeling economic performance of interprovincial CO_2 emission reduction quota trading in China. " *Applied Energy* 112: 1518-1528.

Zhou, W. 2014. "Research on the financial support system for low-carbon economy of China. " *Information Science and Management Engineering* 46: 2527-2531.

Zhou, W., Zhu, B., Chen, D., et al. 2014b. "How policy choice affects investment in low-carbon technology: The case of CO_2 capture in indirect coal liquefaction in China. " *Energy* 73: 670-679.

Zhu, B., Wang, P., Chevallier, J., et al. 2015. "Carbon price analysis using empirical mode decomposition. " *Computational Economics* 45: 195-206.

Zhu, B., Zhang, M., Huang, L., et al. 2020. "Exploring the effect of carbon trading mechanism on China's green development efficiency: A novel integrated approach." *Energy Economics* 85: 104601.

Zhu, J., Zhou, D., Pu, Z., et al. 2019. "A study of regional power generation efficiency in China: Based on a non-radial directional distance function model." *Sustainability* 11 (3): 659.

图书在版编目（CIP）数据

中国碳排放权限额交易体系建设与风险防控／刘泓
汛著 . --北京：社会科学文献出版社，2025.3.
ISBN 978-7-5228-5108-2

Ⅰ. X511

中国国家版本馆 CIP 数据核字第 2025PS6991 号

中国碳排放权限额交易体系建设与风险防控

著　　者／刘泓汛

出 版 人／冀祥德
组稿编辑／高　雁
责任编辑／颜林柯
文稿编辑／陈丽丽
责任印制／岳　阳

出　　版／社会科学文献出版社·经济与管理分社（010）59367226
　　　　　地址：北京市北三环中路甲 29 号院华龙大厦　邮编：100029
　　　　　网址：www.ssap.com.cn
发　　行／社会科学文献出版社（010）59367028
印　　装／三河市龙林印务有限公司

规　　格／开　本：787mm×1092mm　1/16
　　　　　印　张：13.75　字　数：211 千字
版　　次／2025 年 3 月第 1 版　2025 年 3 月第 1 次印刷
书　　号／ISBN 978-7-5228-5108-2
定　　价／128.00 元

读者服务电话：4008918866